OPUS 实用教程

Sympatec 公司(德) 著
吉俊峰 王丙轩 等译

黄河水利出版社
·郑州·

内 容 提 要

OPUS 是基于超声波衰减原理，用于高浓度悬浮液和乳液的在线粒度分析测试的仪器。该仪器通过 WINDOX 5 软件实施测量控制、分析计算和成果输出。本书主要介绍了 OPUS 仪器的测量原理、系统结构、安装步骤、仪器应用维护、软件操作、远程诊断和故障排除，以及通过编程实现自动化测量和报告输出等方面的技术知识。对于 Sympatec 公司的其他仪器，如 HELOS/MYTIS/MYTOS、NANOPHOX 及 QICPIC/PICTIS/PICTOS 等，本书也有重要参考作用。

本书可供从事粒度测试分析方面的操作人员和研究人员参考使用。

图书在版编目(CIP)数据

OPUS 实用教程/德国新帕泰克(Sympatec)公司著；吉俊峰等译. —郑州：黄河水利出版社，2009.10

ISBN 978 - 7 - 80734 - 722 - 4

Ⅰ.O…　Ⅱ.①德…②吉…　Ⅲ.水文测验 - 仪器 - 教材　Ⅳ.P335

中国版本图书馆 CIP 数据核字(2009)第 168607 号

组稿编辑：王琦　电话：0371 - 66028027　E-mail：wq_731212@163.com

出 版 社：黄河水利出版社

地址：河南省郑州市顺河路黄委会综合楼 14 层　邮政编码：450003

发行单位：黄河水利出版社

发行部电话：0371 - 66026940、66020550、66028024、66022620(传真)

E-mail：hhslcbs@126.com

承印单位：黄河水利委员会印刷厂

开本：787 mm × 1 092 mm　1/16

印张：13.75

字数：360 千字　印数：1—1 000

版次：2009 年 10 月第 1 版　印次：2009 年 10 月第 1 次印刷

定价：38.00 元

译者前言

OPUS是In and online particle size analysis of suspensions and emulsions of high concentration with an industrial approved sensor based on ultrasonic extinction 的缩写简称，字面直译为：基于超声波衰减原理，适用于高浓度悬浮液和乳液的在线粒度分析仪器。该仪器由德国Sympatec公司研制。

《OPUS实用教程》对OPUS的测量原理、系统结构、安装步骤、仪器应用维护、软件操作、远程诊断与故障排除，以及通过编程实现自动化测量和报告输出等方面的技术知识进行了详细、全面的介绍。相信大家在认真阅读本教程后可以尽快熟练使用该仪器。

本教程内容主要由英文版WINDOX 5软件帮助文档翻译而来，根据需要增加了系统结构安装等内容。此外，还进行了章节划分，并调整了部分内容的顺序。

WINDOX 5是Sympatec公司开发的一个多功能软件包，不仅适用于OPUS测量控制、计算分析和成果输出，还可用于HELOS/MYTIS/MYTOS、NANOPHOX及QICPIC/PICTIS/PICTOS等其他测量仪器。本书侧重于介绍OPUS测量，但由于软件界面和主要功能都大致相同，所以对Sympatec公司的其他测量仪器的使用也有重要参考作用。

本书包括十二章和一个附录。其中，第一到三章由王丙轩翻译（吉俊峰校核），第四章的第一、二节及第十二章由刘和远翻译（和瑞勇校核），第四章的第三到五节及第七章由吉俊峰翻译（王丙轩校核），第四章的第六到八节及第八、十一章由和晓应翻译（郭相秦校核），第五、六章和附录由郭相秦翻译（和晓应校核），第九、十章由和瑞勇翻译（刘和远校核）。全书由吉俊峰、牛占统稿。

德国Sympatec公司授权译者翻译出版此书，其苏州代表处首席代表耿建芳博士和有关技术支持人员对本书的翻译给予了大量的帮助。黄河水利委员会水文局谷源泽教授级高工、牛占教授级高工鼓励翻译本书，提出了具体的指导意见，并对译稿进行了认真审查。在此，对所有这些帮助和关心本书出版的同志表示衷心的感谢。

虽然我们的翻译十分认真和严谨，但难免会有错误或疏漏之处，真诚欢迎读者批评指正。

译 者

2009年5月

目　录

第一章　系统安装

第一节　系统组成

OPUS 在线粒度监测系统一般由如图 1.1 所示的部件组成，但是基于不同的测量环境和目标，可能会有所差别。

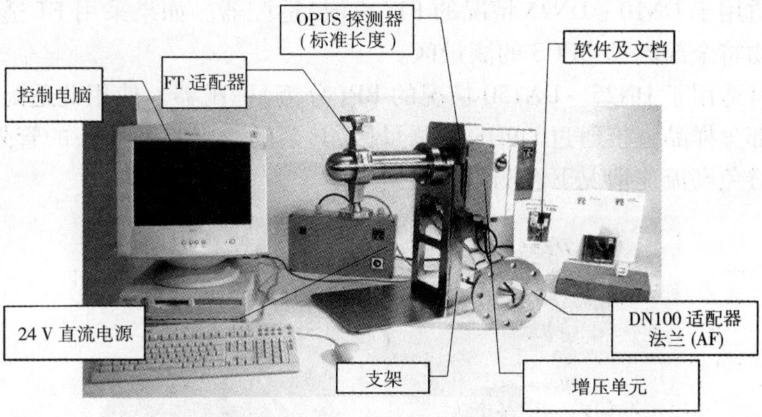

图 1.1　OPUS 系统典型配置

一、OPUS 传感器

如图 1.2 所示，OPUS 传感器包含两大主要部分：左边为一个不锈钢箱体，其内包含 OPUS 的电子元器件；右边为 OPUS 探头，它包含了超声发射器和接收器、机械组件和校准单元等。

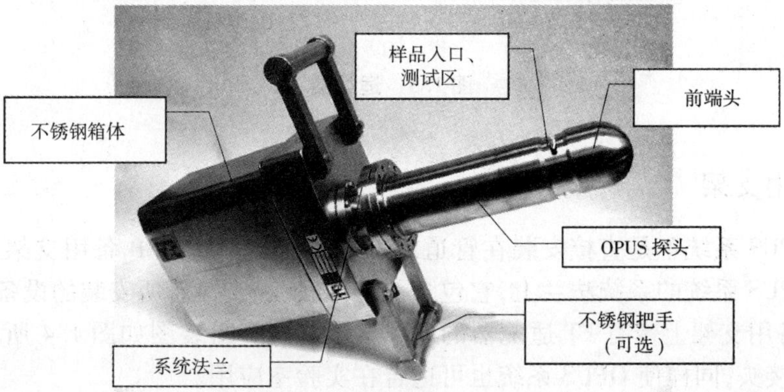

图 1.2　OPUS 传感器

从系统法兰到探头顶端之间的长度根据需要可以选择,从 500 mm 延伸到2 000 mm(上限可达到 3 500 mm)。如果安装在大的容器中,可采用标准长度 336 mm。系统法兰用来连接 OPUS 探头与 SB 备用支架,或者是固定在 DN 标准适用的法兰(AF)上,以便直接整合到生产过程中去。

图 1.2 中还有分别被两个 M8 螺钉固定的可选的把手。利用这些 M8 螺钉孔可以把 OPUS 传感器安装到任何一台需要的设备上。

二、FT 适配器和 BP 适配器

当 OPUS 系统应用于 DN200 以下的情况时,可考虑使用两种特殊的适配器,见图 1.3。

一种是适用于 DN10 ~ DN25 情况的 FT(直流)适配器。如果采用 FT 适配器,则整个管道中的料物将全部流过 OPUS 的测量区。

另一种是适用于 DN25 ~ DN150 情况的 BP(分流)适配器。使用此适配器时,测量过程中只有一部分样品直接通过 OPUS 的测量区,其余的物料将从探头的管外侧流过。这种设计可以避免高流速情况下在测量区产生气泡。

(a)FT 适配器

(b)BP 适配器

图 1.3　适配器

三、备用支架

如果 OPUS 系统不是直接安装在管道或容器内,推荐使用 SB 备用支架。SB 备用支架固定在 OPUS 系统的系统法兰上,它包含一基础底盘,支撑着所安装的设备。

在 SB 备用支架上带有 FT 适配器的 OPUS 系统典型组装图如图 1.4 所示。FT 适配器配有软管接头,同样使 OPUS 系统也可适合在实验室应用。

如果 OPUS 系统需用 FT 适配器或 BP 适配器安装到生产管道中,则 SB 备用支架的基础底盘可以去掉。在这种情况下,不锈钢支架需固定到一个合适的位置。

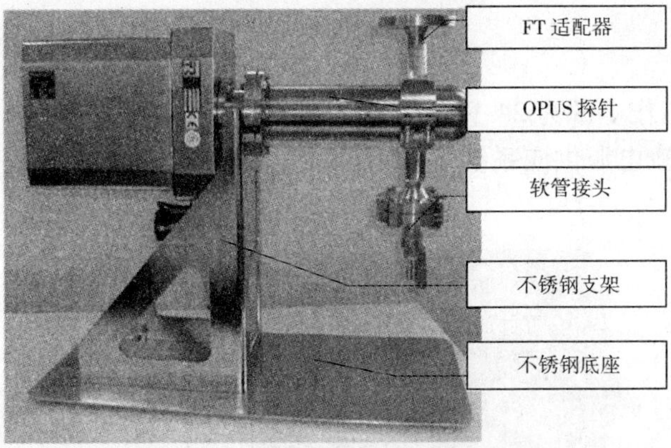

图 1.4　OPUS 系统和 SB 备用支架

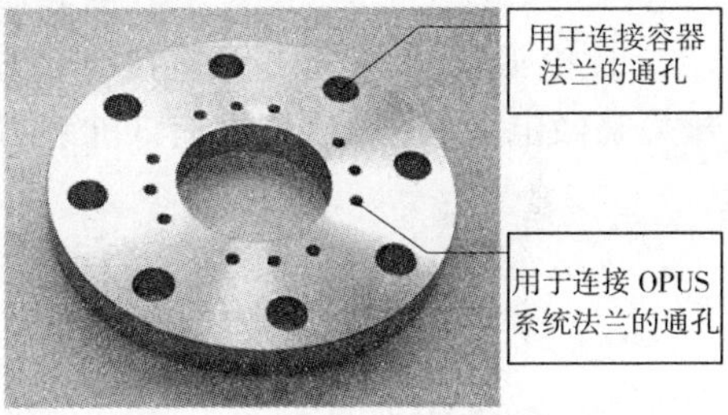

图 1.5　适配器法兰(AF)

SB 备用支架只适用于探头长度上限至 500 mm 的 OPUS 系统。

四、适配器法兰(AF)

直接安装到生产管道或容器中的 OPUS 系统,配有一标准的适配器法兰(AF),见图 1.5。

适配器法兰的一面用于连接 OPUS 系统法兰,另一面用于连接容器或是管道上的法兰。

图 1.6 为整套 OPUS 系统安装于容器中的结构图。

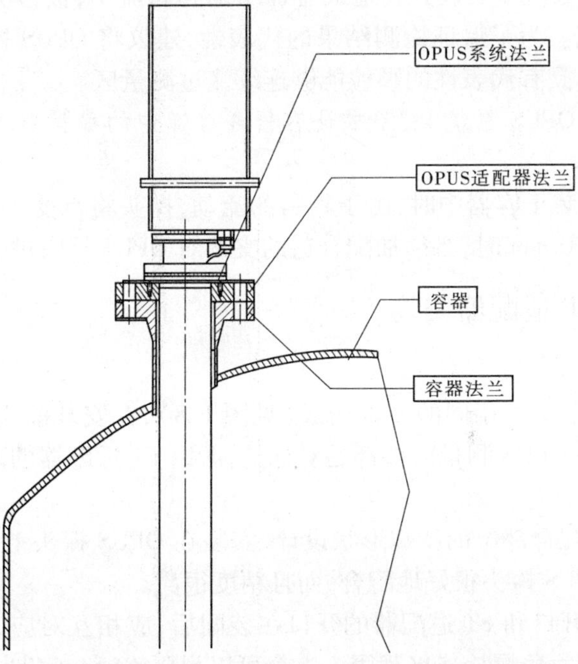

图 1.6　OPUS 系统安装于容器中的结构图

五、电源

OPUS 系统的工作电源为 24 V 直流电(±2% ,电压波动 <100 mVpp),系统已经配备了符合此要求的直流电源供应系统 NTSHI(见图 1.7)。

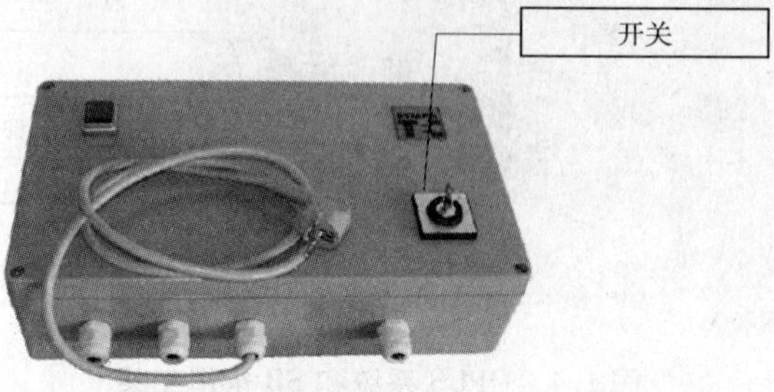

图 1.7　24 V 直流电源 NTSHI

此电源供应系统可以连接到电压范围为 90 ~ 230 V 的交流电源上。它有一个控制开关来做电源转换,该开关有 3 个挡位,“1”和“2”表示开,“0”表示关。

第二节　硬件安装

一、直接安装

适配器法兰(AF)是将 OPUS 系统安装到生产管道或容器上的唯一部件。

如果将 OPUS 探头直接安装到管道或容器中的物料流中,被检测到的只是直接通过测量区的物料的粒度。为了保证检测结果的代表性,建议将 OPUS 探头安装在一个合适的位置,在这个位置,具有代表性的颗粒能够连续流过测量区。

请注意:在安装 OPUS 系统时,不要让容器或管道中的搅拌器或其他运动部件损坏探头。

当 OPUS 系统安装于容器中时,由于物料的流动,探头将承受一定的弯曲载荷,因此当探头长度大于 2 000 mm 时,必须加配合适的支架对 OPUS 探头进行加固。

二、使用 FT/BP 适配器安装

(一)FT 适配器

FT 适配器由两个基本相同的零件构成(见图 1.8),在安装前应将其拆开。由于 FT 适配器的开口区域和 OPUS 测量区域都是对称的,所以 FT 适配器的两个零件可以垂直设置,无其他限制。

基于 FT 适配器配合部位的特殊形状设计,安装在 OPUS 探头上的 FT 适配器具有自定位功能,能够与 OPUS 探头很好地配合,而且精度很高。

OPUS 传感器的开口和 FT 适配器的开口在装配后,应相互对应、配合准确。两个 FT 适配器零件用 4 个内六角螺栓连接紧固。一个可以耐压 40 bar(相当于 4 000 000 Pa)的 EPDM™密封装置安装紧固在节点上。

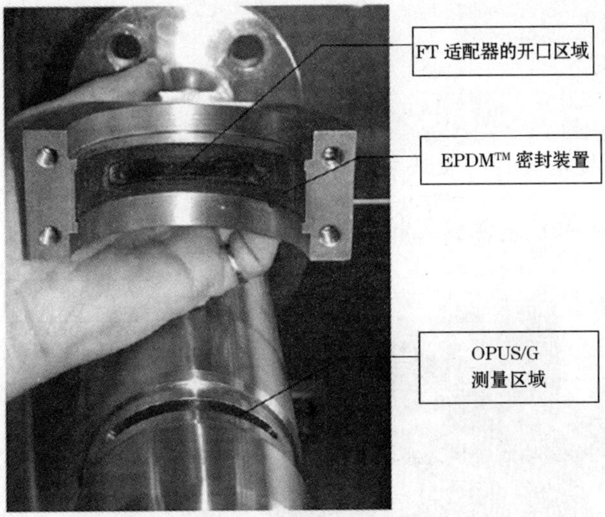

图 1.8　将 FT 适配器安装到 OPUS 系统

(二)BP 适配器

图 1.9 为 OPUS 传感器利用 BP 适配器安装到生产管道上的原理图。先将 BP 适配器套在 OPUS 探头上,然后移动适配器法兰,直到从法兰开口端可以看到测量口为止。最后,用 6 个内六角螺栓紧固卡环固定 BP 适配器。

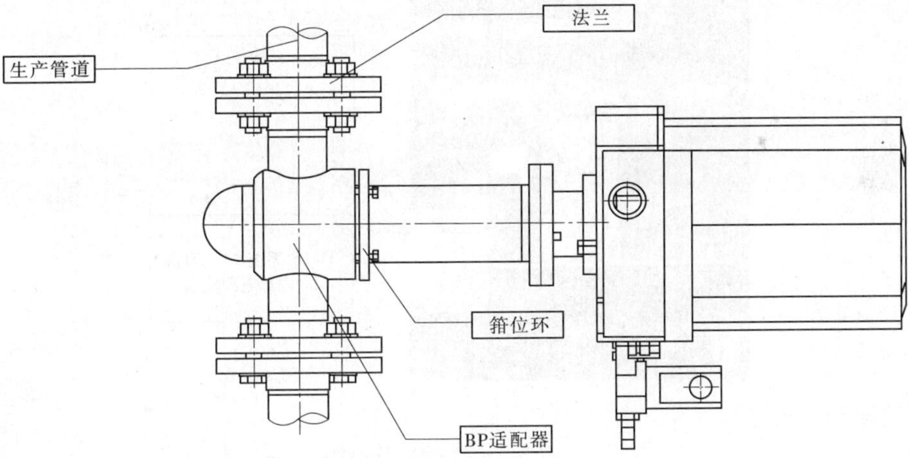

图 1.9　利用 BP 适配器安装 OPUS 传感器

三、电源连接

将 OPUS 系统连接到 24 V 直流电源。首先,拆除所有外壳,拆除掉 12 个六角螺栓和接地线固定器。24 V 直流电源电缆穿过 OPUS 系统底部的电缆护套,连接在位于 OPUS 系统中部的接线板上。

位于接线板上不同的连接口、24 V 直流电源插口有不同的标识。这是为了使接口之间连接更明确。如果电缆的标识被除去,则可以按以下通用规则连接:

• 红/棕 → +；
• 黑/蓝 → -；
• 黄 → 地线。

i OPUS 系统电气连接接线如图 1.10 所示。

图 1.11 为 OPUS 系统电源输入接线示意图。

图 1.10　OPUS 系统电气结构图

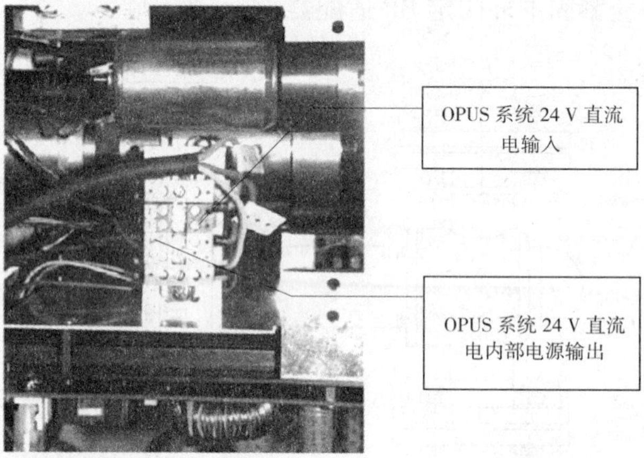

图 1.11　OPUS 系统电源输入接线示意图

四、光纤连接

只有正确安装连接光纤，才能保证计算机和 OPUS 系统之间的数据交换。请按照以下步骤安装连接光纤。

⚠ 光纤的最小弯曲半径是 80 mm。如果小于 80 mm 将损坏光纤，造成 OPUS 系统和计算机之间无法进行数据传输。

与 OPUS 连接的光纤由红色和蓝色绝缘光纤材料组成。光纤芯部的黑色材料仅仅起加强和稳定光纤的作用，与数据处理无关。如果黑色材料多余，可以根据需要切除。

第一步:将光纤红色接头连接到计算机光纤插座上,插座位于控制计算机后部的PC－FOL卡上,标识为“transimitter”,如图1.12所示。

图1.12　控制电脑PC－FOL卡盖板

将红色光纤的另一端穿过OPUS底部电器箱的护套管,连接在OPUS传输板的接口上,接口的标识为“receiver”,如图1.13所示。

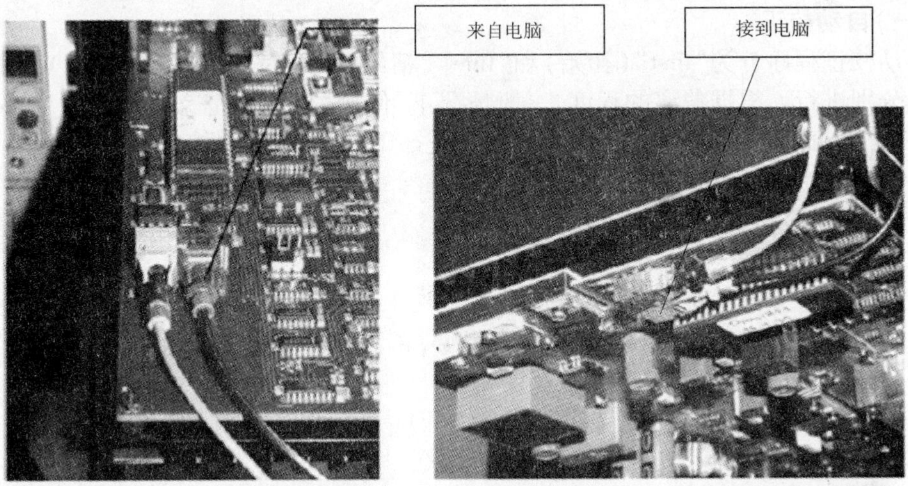

(a) 将光纤安装到OPUS系统接收器电路板上　(b) 将光纤安装到OPUS系统发射器电路板上

图1.13　光纤安装

第二步:安装蓝色光纤。先将光纤的一端连接在计算机PC－FOL卡的插口上,插座的标识为“receiver”;另一端连接在OPUS接收器电路板插座上,插座的标识为“transmitter”。

用于连接接收板和发射板的光纤,在出厂前就已经预装完毕。即使在拆装过程中也不要拆卸这根光纤。在装上OPUS外壳前,需确认光纤没有被挤压或损坏,必要时可用电缆夹固定。

五、系统校正

由于超声波发生器和接收器的端面直径很小,它们必须保持完全平行。初次安装时,OPUS系统的发生器和接收器必须由Sympatec公司的技师进行校准。

i 校准后的结果非常稳定,不会随时间而发生变化。然而,本章仍然介绍两种不同的调整方法,以防万一。

该两种方法都必须按照WINDOX的程序规定进行,具体详见WINDOX软件的相关说明。

校正过程基于OPUS原始信号。通常,屏幕上显示的从左到右、连续增加的蓝色部分应与 WINDOX 软件规定的信号一致，然而由于可能受到不同样品或不同过程的影响，即使 OPUS 系统没有任何偏差，实测结果与理想的曲线形状也可能会存在差异。

i 为了判断 OPUS 系统的原始信号是否正确，可采用没有颗粒物的纯溶剂进行常规测量，而且还必须确保在测量过程中测量区内没有气泡。

如果这样测试得到的原始信号与仪器标定时的特性表现完全背离，则 OPUS 系统必须进行校正。也就是说，这种情况下得到的原始信号像锯齿状，即部分或几乎全部频段上的信号绝对值比前面部分高出很多。

任何情况下，在进行校正之前了解原始信号的测试条件非常重要，如果在判断 OPUS 系统的原始信号时存在疑问，请在校正前与 Sympatec 公司的技师联系。成功的校正系统是确保测试准确的先决条件。

在没有特殊原因时，不推荐进行校正。

（一）自动校正

自动校正程序分为“first”（初始）和“fine”（精细）两个过程，它可以通过 WINDOX 校正窗口分别进行。根据偏离的程度，一般情况下，使用“first”校正就足够了。“fine”校正是在“first”校正后，对 OPUS 系统的进一步校正。

在已经运行了“fine”校正系统，但原始信号的图形仍不正确的情况下，建议再单独进行一次“first”校正。

（二）手动校正

手动校正可能要花费几分钟时间，这种校正方法仅仅适用于熟练用户。进行手动校正时，首先应打开 WINDOX 校正视窗，在信号检测窗口显示信号衰减情况。

手动校正要按照以下步骤进行：

（1）起始频率设置为 5 MHz。

（2）确认 Y－装置没有处在活动区域的顶端。

（3）在整个活动范围内移动 X－装置，记录下最小绝对值（衰减），每次仅移动一个方向。当全部范围被扫描测试后，将 X－装置移到最小衰减值点。

（4）按照（3）过程移动 Y－装置，初始设置完成。

（5）将超声波频率加倍。

（6）一点一点地移动 X－装置，如果发现衰减减弱，把 X－装置移到最小衰减值点。

建议：不要选择“full speed”（全速）来选取最高频率。

（7）按照（6）过程移动 Y－装置。

（8）重复步骤（5）→（6）过程，直到超声波频率达到 80 MHz 以上。

（9）手动校正完成。

OPUS 系统校正与测量区域的宽度无关，这意味着，在做校正时，无论采用哪个间隙宽度都无关紧要。

第三节 软件安装

如果计算机是由 Sympatec 公司提供的，所有软件都已安装。如果不是，需参照其他软件安装方式，从光盘或硬盘中安装所需软件。软件安装完成后，自动生成“Sympatec Windox”程序组以及各模块软件快捷方式。

第二章 OPUS 测量原理和测量步骤

第一节 测量原理

OPUS 测量的理论基础是超声波衰减原理,如图 2.1 所示。当声强为 I_0 的超声波经过测量区时,由于受区域内的颗粒和溶剂的影响发生衰减,经过一段距离 Δl 后,到达超声波接收端时声强变为 I。可以用声强 I_0 和 I 来计算出衰减量 D,计算公式为

$$D = -10\lg(I/I_0) \tag{2.1}$$

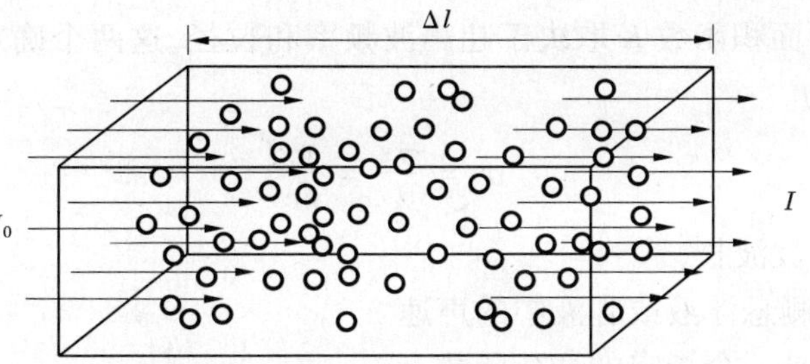

图 2.1 超声波衰减原理示意图

一、背景测量和常规测量

OPUS 测量的原始结果是一个和频率相关的衰减图谱,它记录了进行背景测量以及常规测量的情况。

背景测量是指对纯净的、无颗粒或液滴的悬浮液或乳液进行的测量,而常规测量则是对实际样品的检测。

OPUS 测量的典型超声波衰减图如图 2.2 所示。利用 OPUS 进行测量时,推荐选择适当的频率范围以产生相似的信号衰减图谱。

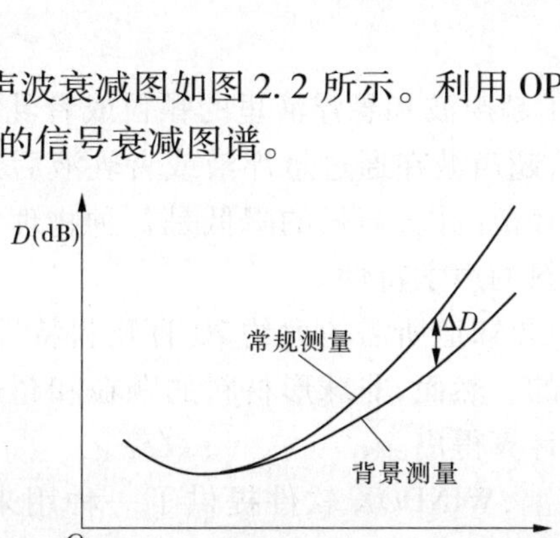

图 2.2 OPUS 测量的典型超声波衰减图

常规测量和背景测量衰减信号之间的差 ΔD 反映了悬浮液中的悬浮颗粒或乳液里的

液滴导致的信号衰减。因此，ΔD 作为 OPUS 系统测试的目标变量被称为有效信号。

二、粒度分布计算

将测量到的有效信号转换为颗粒或液滴的粒度分布 q_i 的理论基础是 LAMBERT - BEER 定律

$$\Delta D(f) \propto C_{pf}\Delta l\int_{x_{\min}}^{x_{\max}} K(x,f)q_2(x)\,\mathrm{d}x \tag{2.2}$$

式中 C_{pf}——投影面积浓度；

Δl——OPUS 测量区域的宽度；

$K(x,f)$—— 相关衰减截面面积函数；

x—— 粒径；

f—— 超声波频率；

$q_2(x)$—— 被检测的颗粒或液滴的面积频率分布。

相关衰减截面面积函数 K 取决于超声波频率和粒径，这两个确定的因素用一个无因粒径参数 σ 表示为

$$\sigma = \frac{\pi x}{\lambda} = \frac{\pi xf}{c} \tag{2.3}$$

式中 λ—— 超声波波长；

c—— 被检测悬浮液或乳液中的声速。

变量 $K(\sigma)$ 也是一个指定的衰减函数。

根据方程式(2.2)可以首先计算出按面积分布的粒径分布情况，并由此计算得出：

- q_0——数量分布；
- q_1——长度分布；
- q_2——面积分布；
- q_3——体积或质量分布。

三、衰减函数

衰减函数 $K(\sigma)$ 描述出了超声波和悬浮液里的颗粒或者乳液中的液滴之间的相互作用机制。由于这些相互作用，超声波在通过悬浮液或者乳液后到达超声波接收器时的声强降低。在被分析颗粒的粒径范围内，声强的降低是各种物理作用重叠的结果。这些物理作用本身取决于被分析材料的声学特性。

根据当今的知识水平，只要知道所需的大约 20 种物料特性，悬浮的球形固体颗粒的衰减函数理论上是可以计算的。然而，非球形材料的颗粒和超声波之间的相互作用目前还不能用理论上的衰减函数计算得出。

在 KSIGMA 模型的基础上，WINDOX 软件提供了一种用来确定衰减函数的替代方法。通过一个半试验性的途径，减少所需的物料参数数量，所有需要的物料特性都可通过 OPUS 系统和一种参照方法（如激光衍射法或筛分法等）来提供。这样，对于一个新的物料，至少有两种不同的粒径分布可同时得以描述。

实际上,每次只需少量的 OPUS 测量,加上物料的特性数据,如固体的密度,溶剂的密度、黏度、声速等,就能够确定出衰减函数。衰减函数一旦确定,便可储存起来并随时根据测得的衰减图谱来计算粒度分布。使用 KSIGMA 模型计算的衰减函数的例子如图 2.3 所示。

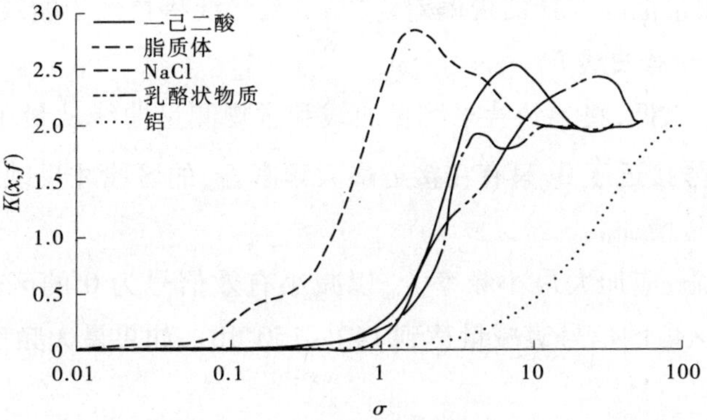

图 2.3　衰减函数的例子

第二节　OPUS 原始信号评价

原始信号对于计算结果而言是至关重要的。此外,紊动效应,如样本中的气泡,也可能是计算过程中一个不确定的误差因素。原始信号评价的目的是:在进行长时间的计算过程之前,先选择最优的原始信号以避免可能出现的误差。后文也将说明如何选择不同的 KSIGMA 图表选项以更加清楚地展示原始信号。

图 2.4 是一个典型的 OPUS 测量的有效信号图,下面就该图进行论述。

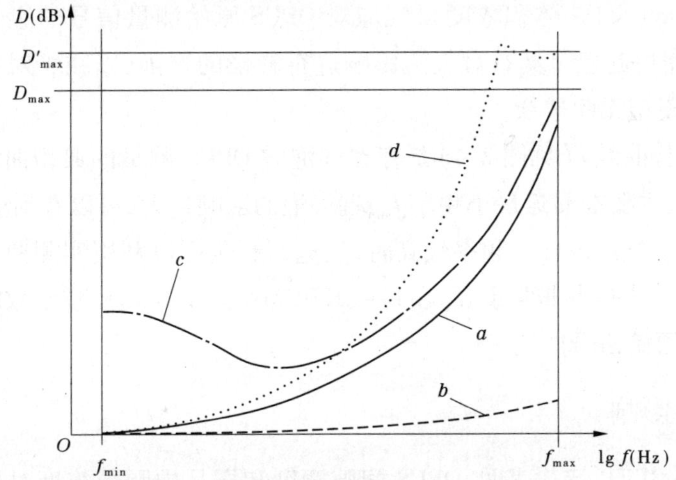

图 2.4　典型的 OPUS 测量的有效信号图

一、频率范围的影响

在利用 OPUS 传感器控制程序前需确定测量范围,即确定一个超声波频率范围,从最小频率 f_{min} 到最大频率 f_{max},图 2.4 中曲线 a 是在最优测量范围下一个理想的有效信号趋势线。然而,如果测量范围选择出现偏差,实测的趋势线将类似于曲线 b 或者曲线 d。

(一)有效信号趋势曲线 b

若最大频率 f_{max} 太低,将导致背景测量曲线和常规测量曲线从最小频率 f_{min} 开始很宽一段范围内有效信号接近于 0,只有在接近最大频率 f_{max} 的区段才反映出悬浮颗粒导致的信号衰减及有效信号增加。

需要采取的措施:应加大最小频率 f_{min} 以减小有效信号为 0 的区段。加大最大频率 f_{max},直到最大频率区段的信号衰减量达到 140 ~ 150 dB。如果最大频率超过 200 MHz,应加大间隙宽度。

(二)有效信号趋势曲线 d

若最大频率 f_{max} 太高,导致信号衰减量在尚未达到最大频率 f_{max} 时就超过允许的最大值 D_{max}(140 ~ 150 dB)。最大衰减量 D_{max} 取决于 OPUS 接收器能够接收的最小波强,是仪器的一个固定的特征值。如果测到某一频率下的衰减值大于 D_{max},则该衰减值不能用于衰减函数计算。

需要采取的措施:应减小最大频率 f_{max},直到信号的最大衰减量小于 140 ~ 150 dB。应确保与最大衰减量 D_{max} 有足够的距离。

二、气泡的影响

即使浓度较低(<1% 体积浓度),气泡对 OPUS 原始测量信号的影响也是非常明显的。OPUS 传感器控制程序具有对气泡影响进行补偿的选项,以减少对粒径分布计算的影响。KSIGMA 模型无此选项。

有效信号趋势曲线 c(见图 2.4)是存在气泡时 OPUS 测量的典型曲线。由于在超声波频率非常低时,主要在靠近最小频率 f_{min} 端气泡的影响最大,可以看到信号衰减量增加,加大的数量取决于气泡浓度。频率较高时,气泡的影响可以利用实测曲线与理想曲线的偏移常量消除掉。这一点非常重要,在利用 KSIGMA 模型计算衰减函数时应使用没有气泡影响的 OPUS 原始信号曲线。

三、浓度的影响

LAMBERT - BEER 定律表明,OPUS 间隙宽度和样品中颗粒浓度对原始测量信号的影响都是线性的。当间隙宽度固定时,KSIGMA 项目各个产品的浓度不完全相同。图 2.5 为受浓度影响的 3 种典型的测量有效信号曲线。

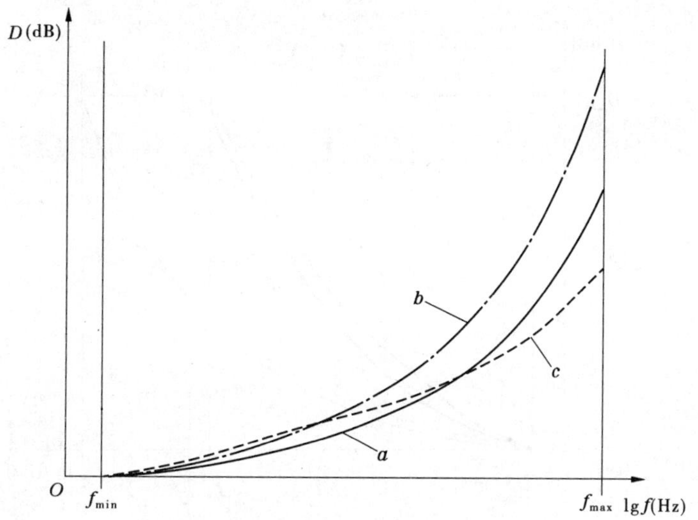

图 2.5　OPUS 测量的有效信号衰减图

乍看之下，这 3 条有效信号曲线 a、曲线 b 和曲线 c 是 3 种不同的测量结果。然而，如果改变图表类型，在对数坐标下，曲线 a 和曲线 b 并不存在由于粒径不同导致的差异，去掉一个随频率线性增加的因子之后，两条曲线完全一致。对 a 和 b 两组信号进行评估后得到的结论是，用 OPUS 测量这两组样液，其悬浮物粒径分布几乎完全一致，但体积浓度不同。因此，利用 a 和 b 两组信号，期望得到两组不同的衰减函数是没有道理的。

与曲线 a 和曲线 b 不同，对有效信号曲线 c 无法利用一个线性因子进行校正。即使消除了影响衰减量的所有线性因素，在对数坐标下曲线 c 与其他两条曲线仍然存在着根本区别。

有效信号曲线 c 存在这种根本区别的原因在于粒径分布不同。因此，粒径计算时可以不考虑浓度的影响。

四、测量区宽度的影响

由于不同样品的衰减特性不同，有效信号曲线有可能会相互贴在一起，如图 2.6 中的曲线 a 和曲线 b。虽然两者存在粒径分布不同这一根本区别，但是 OPUS 记录的有效信号的差异基本在误差范围内。利用这样的数据来计算衰减函数不可能得到满意的结果。

产生问题的原因是：不同产品间的衰减差异不仅与频率有关，而且与测量区宽度（间隙）线性相关（参见 LAMBERT－BEER 定律）。这种情况下，为了满足衰减函数计算的要求，需要加大间隙宽度来扩大二者的差距。随着间隙宽度的增加，收到的有效信号及其相互差距也线性加大。图 2.6 中利用有效曲线 a' 和曲线 b' 来继续讨论上面的例子。但这样做时请注意，当加大间隙宽度后如果信号超出最大衰减量 D_{max}（140～150 dB），必须把最大测量频率 f_{max} 降到 f'_{max}。

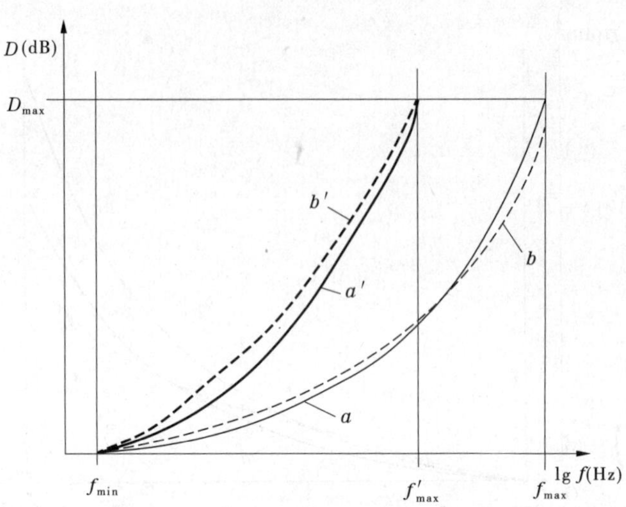

图 2.6　间隙宽度对有效信号的影响

第三节　测量步骤

本部分简要说明利用 Sympatec 仪器获得测量结果的步骤。HELOS、OPUS 以及 QICPIC 的测量流程基本一致。

(1)安装仪器及分散系统，与电脑连接起来，并打开仪器。单击菜单 Tools、Redetect hardware 或工具条上的按钮，检查仪器与计算机通信情况。如果通信测试正常，标题栏显示 o. k. 标志。

(2)单击按钮，选择产品参数(Product parameters)工作页面。对于同一次测量，不同产品参数将产生不同的计算结果。产品参数甚至可以在测量结束以后再进行修改。软件本身提供了许多不同的产品参数。如果修改了参数，请不要忘记单击保存该记录，或者单击产生一条新记录。

(3)从可用量程列表中选择采用的量程(Measuring range)。

(4)OPUS 系统请参照以下步骤：单击按钮，选择溶剂参数(Liquid parameters)工作页面。对于同一次测量，不同溶剂参数将产生不同的计算结果。溶剂参数甚至可以在测量结束以后再进行修改。软件本身提供了许多不同的溶剂参数。如果修改了参数，请不要忘记单击保存该记录，或者单击产生一条新记录。

(5)单击按钮，选择触发参数(Trigger parameters)工作页面。触发参数决定着测量开始和结束的方式，首先应考虑以下因素：

- 对于悬浮物测量，应该通过“开始”按钮启动测量，经过一个固定时段后自动停止，因为颗粒一直存在于循环的液态流体中。
- 对于干粉和喷雾测量，其开始和结束应该由测量信号(例如浓度)进行控制。因为颗粒不是循环的，它们存在的时段受到样品数量的限制。因此，当它们通过测量区时，利用适当的触发条件捕获颗粒信号。

一些模型的触发参数考虑到了上述两种情况，随软件提供了悬浮物和干粉参数。如果修改了参数，请不要忘记单击保存该记录，或者单击产生一条新记录。

(6)这一步是有用的但不是必须的。单击按钮，选择用户自定义参数(User-defined parameters)工作页面。如果决定向测量中添加数值参数或文本信息，可以重新定义测量类型、单位以及10个参数的内容。请不要单击按钮保存输入的信息。输入的信息将暂时保存在内存以及数据库中，应用于其后的测量。

注释(Comment)页面的操作方法同上，单击按钮可以选择该页面。

(7)OPUS系统请跳过此步。

从可用分散方式列表中选择采用的分散系统(Dispersing system)，显示分散系统页面。根据采用的分散系统进行参数设置。

软件提供了一些分散系统设置记录。如果修改了参数，请不要忘记单击保存该记录，或者单击产生一条新记录。

能否通过计算机软件遥控分散系统取决于两个因素：分散系统类型和计算机I/O端口设置。利用页面的图标栏的、、或按钮测试遥控情况。如果测试失败，请单击选项(Options)对话框，选择disperser，检查分散系统页面的图表类型(Subtype)项的I/O设置是否和系统实际情况一致。

(8)QICPIC/PICTIS/PICTOS系统请跳过此步。

背景测量(Reference measurement)：

- 对于OPUS超声波衰减仪，首先应进行背景测量。OPUS背景测量通常只需做一次，应用该仪器时可以重复利用该测试结果。
- 对于HELOS/MYTIS/MYTOS激光衍射仪，每当其光学特性可能受到影响时都应重新进行背景测量。这些情况包括：
  - 每次干粉及喷雾测量前；
  - 每当悬浮液分散系统的溶剂更换时。

应确保激光束通道内没有颗粒物。

利用键盘的<F2>功能键或工具条的按钮进行背景测量。

⊘如果按钮处于非激活状态(灰色)，说明前面提到的各项设置还没有全部完成。应检查每个选择框(Selection boxes)的记录名称是否已标示，如果某项为空，请检查各个页面(产品、触发、分散系统)是否正确，并将各项设置保存到你选择的名称下，该名称将显示在选择框中。

(9)常规测量(Normal measurement)。

在开始测量前，单击按钮，选择仪器控制程序的输出页面(Output page)，设置所需要的测量结果输出格式，下一步将对此进一步说明。例如，选择Start of evaluation immediately after measurement(测量后立即进行计算)和Distribution diagram of a measurement(粒径分布图)，在常规测量结束后立即显示粒径分布曲线。

- 对于悬浮物测量，颗粒物应添加在流经测量区的流体中。
- 对于干粉和喷雾测量，应确保样品在即将进入测量区的分散系统中。

按下键盘的<F3>功能键或单击工具条上的●按钮开始测量。

⊘如果按钮处于非激活状态(灰色),说明前面提到的各项设置还没有全部完成。请参照上述关于背景测试的检查处理办法。

(10)常规测量结束后,利用 output page 的 report option 得到数据报表。单击按钮打开报表编辑器,选择适当的报表模板。例如,选择旁边的核选框,选择 Standard_Q3_log,被选中的模板名称将高亮显示。然后关闭报表编辑器,单击按钮 Evaluate current measurement 即可获得报表。

⊘如果按钮处于非激活状态(灰色),说明没有选择当前测次(Current measurement),在这种情况下,应单击工具栏的按钮,调取数据库中最近一次测量,重新单击 Evaluate current measurement 按钮(假定数据库记录按照缺省的日期时间方式排序)。

第三章　测量控制程序

Sympatec 粒径分析系统测量控制程序集成了各种测量仪器的共用模块，可以用于控制 HELOS/MYTIS/MYTOS、OPUS、NANOPHOX 以及 QICPIC/PICTIS/PICTOS 测量过程。对于不同仪器，操作界面和功能大致相同。程序主界面如图 3.1 所示。

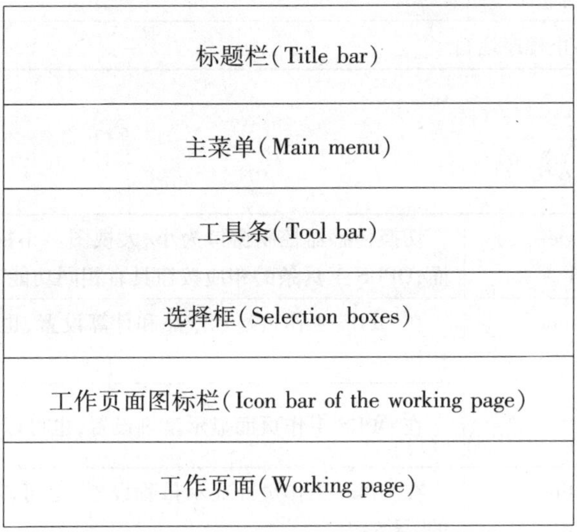

图 3.1　程序主界面

第一节　标题栏

缺省情况下，标题栏显示应用程序名称（HELOS、OPUS、QICPIC 或 NANOPHOX），标题栏也可以显示程序的当前状态。

装载的应用程序如果已进入就绪状态，其名称将显示在标题栏中。测量的当前状态也在标题栏中显示。

利用标题栏作为状态指示器的好处是，即使程序主界面隐藏或最小化，也可以在操作系统的任务栏中得到状态信息。

第二节　主菜单

程序的所有主要功能都可以通过主菜单来实现。此外，一些使用频率较高的功能还可以通过工具栏进行调用。主菜单包括下述分支：文件、视图、测量、数据库、应用、其他、工具和帮助。

一、文件(File)菜单

Printer setup	打开 WINDOWS 通用打印机设置对话框
Save session as	WINDOX 测量控制程序的会话可以保存下来。配置文件自动保存在指定目录下,后缀分别为 HELOS:*.WXH / OPUS:*.WXO / QICPIC:*.WXQ。双击该配置文件,可以重新启动测量控制程序,程序参数恢复为文件中设定值。通过这种方式可以为不同任务设置不同参数。此外,配置文件也可以储存在操作系统的自动启动文件夹中,计算机开机后自动运行 WINDOX
Exit	终止程序运行

二、视图(View)菜单

Toggle small/large view (仅用于 OPUS)	切换传感器控制窗口为小/大视图。小视图模式不显示工作页面,OPUS 工具条的相应按钮具有相同功能
Product and calculation settings	在 OPUS 工作页显示产品和计算设置,也可以单击工具条的按钮
Liquid settings (仅用于 OPUS)	在 OPUS 工作页面显示溶剂设置,也可以单击工具条的按钮
Measuring range settings (仅用于 OPUS)	在 OPUS 工作页面显示量程设置,也可以单击工作页面工具条的按钮
Trigger settings	在工作页面显示触发条件设置,也可以单击工作页面工具条的按钮
Dispersing system (不适用于 OPUS)	在工作页面显示分散系统设置,也可以单击工具条的按钮
User parameters	在工作页面显示用户参数,也可以单击工具条的按钮
Comment	在工作页面显示测量说明,也可以单击工具条的按钮
Output page	选择输出页面作为工作页面,也可以单击工具条的按钮
Message log	打开 WINDOX 消息日志窗口。所有 WINDOX 消息都在该窗口显示。消息日志容量有限,程序启动后自动清空
Status Viewer	打开 WINDOX 状态查看器
Signal test	打开信号测试窗口。相应的工具条按钮分别为: HELOS/MYTIS/MYTOS—— OPUS—— QICPIC/PICTIS/PICTOS——
Particle gallery (QICPIC / PICTIS / PICTOS)	另开一个窗口,显示颗粒库,也可以单击工具条的按钮

三、测量(Measurement)菜单

OPUS Measurement 菜单包括以下分支:

Reference measurement	启动背景测量
Normal measurement	启动常规测量
Abort	中止当前操作

(一)OPUS 背景测量

背景测量用来记录仪器特性,包括 OPUS 传感器固有的衰减量和测量间隙溶剂中的信号衰减量。背景测量是非常必要的,因为计算悬浮颗粒或乳液的信号衰减量要由常规测量的原始数据减去背景测量值得到。

成功的背景测量是进行常规测量的先决条件。

背景测量结果取决于悬浮液或乳液的声学特性和量程。

如果这些参数都没有发生变化,由于 OPUS 系统具有很高的稳定性,背景测量值可以一直使用。基于 OPUS 进行产品处理的特点,建议定期校测背景信号。背景测量时,测量间隙中应充满纯净的溶剂。为避免覆盖原有背景测量结果,校测时不要使用背景测量模式,而使用常规测量模式对溶剂进行测量。如果各种特征值都没有发生变化,该常规测量信号和背景测量应完全一致。

(二)OPUS 常规测量

常规测量主要用来记录样品或生产过程中的超声波衰减图谱。在进行测量之前,首先应该在测量控制程序的工作页面中给出必需的各个参数值,例如产品、溶剂、量程、触发条件等,并保存在数据库中。另外,还需要有效的背景测量,且传感器处于就绪状态。在这些前提条件完成之前,工具条上的按钮无法使用,程序自动执行 NMES 语句,显示错误信息。

测量结束后,可以立即进行粒径分布计算,但首先应计算出衰减函数。测量一般按照如下步骤进行:

(1)检查数据的完整性。

(2)等待达到触发条件。

(3)开始/继续(系列)测量。

(4)保存原始数据到数据库中。

(5)计算并输出粒径分布成果(可选)。

(三)关闭系统(Shutdown)

利用该功能正常关闭系统。如果分散系统需要进入待机状态,可能需要一段时间。

这个命令不能和 Abort 命令混合使用。

(四)Abort 命令

立即中止当前操作(例如一个测量或应用程序),传感器和分散系统仍保持目前状态。必要时可以在使用 Abort 命令后再调用 Shutdown the dispersing system 命令。

四、数据库(Database)菜单

Save record	将工作页面的数据保存在已有记录名下,或单击相应工作页面的 Save 按钮
Save record as	将工作页面的数据保存在用户定义的新记录名下,或单击相应工作页面 Save as 按钮
Delete record	删除分散条件、触发器、产品或溶剂记录,或单击相应工作页面 Delete 按钮
Measurement selection	打开选择数据库窗口
First measurement	调取数据库存储的第一条测量记录
Previous measurement	调取数据库中的前一条测量记录
Next measurement	调取数据库中的后一条测量记录
Last measurement	调取数据库存储的最后一条测量记录
Clear Absolute Reference Measurement(HELOS / MYTIS / MYTOS)	删除当前量程和分散系统的绝对引用
Save Absolute Reference Measurement(HELOS / MYTIS / MYTOS)	将当前背景测量存储为绝对引用,代表当前量程和分散系统下的溶剂光学特征
Change Database(s)	显示选项、数据库对话框以选择发布的服务器数据库作为测量、演示或应用数据库
Manage extinction functions (OPUS)	备用

(一)保存记录(Save record)

每当产品、触发条件、分散系统设置、参数或注释页面发生改变,可以利用按钮或菜单(Save record)将这些数据保存到数据库中。

如果当前页面已经保存,或者由于下述原因该功能被屏蔽,按钮将处于非活动状态(显示为灰色)。

每个保存的产品、触发条件或分散系统都有一个名字(数据库主键)。该名字在各自的选择框中显示。选择名字可以调用任意存储记录。

(1)Save record 会覆盖原有记录。可以利用菜单项 Save record as 将当前数据以一个新名字保存。

(2)产品和溶剂数据可以随时覆盖。触发条件和分散系统数据只有在该记录未使用时才能修改。触发条件和分散系统修改后应另外命名保存。

(3)参数和注释在测量期间用到时自动保存。可以通过测量日期、时间调用该数据,

利用 Save record 菜单项进行修改并保存。

数值型	保存方式	写保护	调用方法
产品特性	保存记录	无*	名字或测量
触发条件	保存记录	如果正在使用	名字或测量
分散系统设置	保存记录	如果正在使用	名字或测量
参数	测量	无*	测量
注释	测量	无*	测量

注:带*者表示在缺省情况下,未引用的记录没有写保护,但下列情况除外:

- 用户创建、修改或删除数据记录的某一特权已通过用户管理程序取消。
- 整个数据库已被数据库管理程序设置为只读。
- 数据库设置为 CFR 标准第 11 条的模式,对测量数据记录的后续更改记入查账索引。

(二)另存记录(Save record as)

产品数据、触发条件或分散系统设置页面改动后,可以用菜单 Save record as 进行保存。

数据记录必须有一个名字(数据库主键)。名字在各个选择框中显示。选择名字可以调用该数据。

Save record as 可以用来另外生成产品数据、触发条件或分散系统设置的备份,以用于以后的测量。为避免生成不必要的备份,应用按钮或菜单 Save record 进行保存。

(三)删除记录(Delete data record)

只要产品、触发条件或分散系统数据记录没有正在使用,这些数据就可以删除。该功能只有在可以使用时才激活,否则该按钮和菜单项显示为灰色,无法使用。

五、应用(Application)菜单

WINDOX 应用程序用于预订自动化任务。

Open	从列表中选择调用数据库中 WINDOX 应用程序。然后执行 INITIALIZATION 语句段。应用程序名字在主窗口的标题栏显示
Reopen	显示最近调用过的程序列表。如果某一程序被选中,将立即调用并初始化
Save	将 WINDOX 应用程序写入数据库。不同环境下,该功能稍有不同: • 如果当前没有应用程序被激活,将生成一个空白会话 MAIN,以及标准语句段 REFERENCE、MEASUREMENT 和 TERMINATION。在 INITIALIZATION 语句段自动生成恢复当前传感器控制窗口设置的必要语句。通过程序管理页面可以找到用 Save 命令创建的一个例子 打开对话窗口,显示已保存的所有程序,可以为新应用程序命名,并添加注释,以便于将来重新调用 • 如果当前已有应用程序被加载,原来保存的程序将被覆盖,保留 MAIN、REFERENCE、MEASUREMENT 和 TERMINATION 几段的所有语句。然而,INITIALIZATION语句段将更改为当前的传感器控制窗口中的内容。不同于前面所讲的产生新程序,在 INITIALIZATION 语句段不添加语句 假如用 Save 创建了一个应用程序,测量控制程序的所有参数都保存在INITIALIZATION 段。后来用户又决定在调用应用程序时不修改参数和注释的值,这种情况下,不允许修改应用程序,删除对应的语句行(COMMENT = …和 P1 = …到 P10 = …),在编辑器中重新保存文件

Save as	将 WINDOX 应用程序写入数据库,与 Save 大致相同。唯一的区别是,可以给程序重新命名,并添加注释
Close	退出当前 WINDOX 应用程序。工具条的测量控制按钮 Reference、Measurement、Stop 和 Run Main 恢复为缺省状态
Test console	打开应用测试控制台,以逐条测试、编辑程序语句,WINDOX 测量控制程序切换到遥控操作模式。也可以通过工具条按钮实现
Application editor	调用应用编辑器,设计、测试应用程序
Run main	执行应用程序的 MAIN 语句段。也可以通过工具条按钮实现

六、其他(Extras)菜单

(一)选项(Options)

利用选项对话框可以设置硬件属性、文件路径以及用户参数。

(二)ACPLT 设置(ACPLT settings)

设置 ACPLT/KS 服务程序,在 ACPLT/KS 兼容网络上发布数据。打开的窗口中有 Report 和 Server 两个页面,可以设置 ACPLT/KS 服务器发布的数值型以及网址。

1. 报表设置(Report settings)

对话框的上部为测量控制程序的 ACPLT/KS 服务器将要发布的用户定义数据列表。

+	数据添加到 ACPLT/KS 服务器发布数据列表。可以从模板命令列表中选择该数据,然后在对话框下部的 Settings 段进行编辑
−	所选数据从发布数据列表中删除
×	删除发布数据列表。其所有内容都将被删除

对话框的下部 Settings 段包括目前选择的发布数据的 3 个属性。

Command	命令的语法必须符合模板命令规则。可以从模板命令列表中选择命令
Variable name	该字段为 ACPLT/KS 网络发布的变量名。缺省情况下,变量名由模板命令自动生成,但除去了不允许在 ACPLT/KS 变量名中出现的字符 例如,模板命令@ xi. (50,3)转换为变量名 xi503,因为字符@ 、. 、( )、,不能出现在变量名中
Comment	注释信息,可以通过 ACPLT/KS 客户端调用查看

单击 Replace 按钮,可以用 Settings 段中变量数值代替发布数据列表中选定的数据行。

2. 服务器设置(Server settings)

服务器设置页面可以设置服务器的两个属性。

1)服务器名称(Server name)

服务器名称为测量控制计算机在 ACPLT/KS 网络环境的名称。该名称可以为任意字符串,但不能与其他 ACPLT/KS 服务器重名。

2)服务器端口(Server port)

客户机可以通过该端口找到 ACPLT/KS 服务器。如果该数值为 0(缺省值),服务器将响应所有端口的请求。

(三)启动 ACPLT 服务器(Start ACPLT server)

开始在 Web 环境下发布用户自定义数据和预先确定的控制变量。WINDOX 过程控制页面结构见 ACPLT/KS Web 结构。

(四)停止 ACPLT 服务器(Stop ACPLT server)

停止 ACPLT 数据服务器。

七、工具(Tools)菜单

Report Editor	调用 WINDOX 报表编辑器
KSIGMA module (只用于 OPUS)	如果 KSIGMA 计算模块已在 WINDOX 许可信息程序中激活,启动 KSIGMA 模块
MAGIC Setup and Test (只用于 HELOS or QICPIC)	打开对话窗口,设置、测试激光衍射范围自动调整功能或图像分析传感器
Redetect Hardware	开始 WINDOX 硬件检测。当打开传感器、改变传感器或者软件保护匙时,应重新进行硬件检测
Service Request Wizard	生成用于 Sympatec 售后技术支持所需的所有信息。本向导不仅用于解决所遇到的问题,也可用于问题反馈,或对软件提出建议 向导是一个独立的程序,可以从 WINDOX 程序组中调用。如果测量控制程序不能正常启动也可以调用
Import L. I. S. A. measurements (只用于 NANOPHOX)	L. I. S. A. 是 NANOPHOX 测量控制程序的以前版本。利用本菜单,可以将 L. I. S. A. 测量数据按照正确的格式导入 WINDOX

八、帮助(Help)菜单

(一)内容(Contents)

转到联机帮助内容列表。

(二)关于(About)

显示主程序及本机安装的动态链接库的版本信息。当请求 Sympatec 公司售后技术服务时应提供这些信息。

第三节　工具条

工具条代表程序最常用的操作，分为 6 个组。对于不同的传感器、HELOS/MYTIS/MYTOS、OPUS、QICPIC/PICTIS/PICTOS 和 NANOPHOX，由于测量控制程序不具备某些功能，一些按钮可能不显示。

组	按钮
measurement	HELOS/MYTIS/MYTOS 或 OPUS 背景测量 常规测量 停止
Application control	打开应用程序 运行应用程序 中止
Application development	应用程序编辑器 应用程序测试控制台
test and display of measured data	HELOS/MYTIS/MYTOS 信号测试 OPUS 信号测试 QICPIC/PICTIS/PICTOS 信号测试 NANOPHOX 信号测试 HELOS MAGIC 自动调整范围测试 QICPIC/PICTIS/PICTOS 颗粒库
database navigation	首条记录 前一记录 后一记录 末条记录
hardware redetection	重新检测仪器及软件保护匙

第四节　选择框

当前测量时间的下方的主窗口中有 4 个选择框，可以选择数据库中的测量量程以及其他用户自定义设置，用于下一步测量。

一旦作出选择，当前测量将自动隐藏，因为工作页面中显示的可能不是所选测量的数据。

选择框标题包括产品、溶剂(只用于 OPUS)、量程、触发条件和分散系统(OPUS 除外)。所选参数显示在选择框下方。

一、产品(Product)

单击选择框时,会出现一个下拉列表,显示数据库中所有产品记录,可以选择其中一个用于下一步测量。请用工作页面上的按钮创建或修改产品记录,在产品数据页面中编辑数据。

二、溶剂(Liquid)

单击选择框时会出现一个下拉列表,显示数据库中所有溶剂数据记录,可以选择其中一个用于下一步测量。请用工作页面上的按钮创建或修改溶剂数据记录,在溶剂数据页面中编辑数据。

三、量程(Measuring range)

显示/选择下一步测量的量程。不同类型的传感器,其量程的定义和使用方法也有所不同。

四、触发条件(Trigger condition)

单击选择框时会出现一个下拉列表,显示数据库中所有触发器数据记录。可以选择其中一个用于下一步测量。请用工作页面上的按钮创建或修改触发条件记录,在触发器页面中编辑数据。

五、分散系统(Disperser)

设置分散系统用到两个选择框:分散系统类型和分散系统设置。分散系统类型列表中包含了可用于软件的所有设备类型,不管其是否与系统连接,软件都不自动进行分散系统检测。

单击选择框时会出现一个下拉列表,显示数据库中所选类型的分散系统数据记录。可以选择其中一个用于下一步测量。请用工作页面上的按钮创建或修改分散系统设置,在分散系统页面中编辑数据。

六、所选参数(Selected parameters)

显示用户自定义的 10 个参数,利用用户参数设置对话框选择参数。

七、测量控制程序的当前测次

程序主窗口上部的当前测次行显示当前测次的日期、时间和系统号。单击测量时间可以打开数据库选择窗口,调用存储的测量作为当前测次。

日期和时间按照国际标准格式显示,格式不能改变。

一旦触动选择框,当前测次将不再显示,因为所选系列可能已不是所选测量的数据。

第五节　工作页面

传感器控制窗口的底部区域也称为工作页面，用来显示和编辑数据，用于描述和控制下一次测量，或者从数据库选择的测量。对于后者，当前测次行将显示所选测量的日期和时间。

利用工作页面上部的图标栏可以在不同工作页面间进行切换。

一、工作页面图标栏

	选择并显示产品和计算设置页面
	选择并显示溶剂设置页面(OPUS，NANOPHOX)
	选择并显示量程设置页面(仅用于 OPUS)
	选择并显示触发条件设置页面
	选择并显示分散系统设置页面(HELOS/MYTIS/MYTOS 或 QICPIC/PICTIS/PICTOS)
	选择并显示用户参数页面
	选择并显示注释页面
	选择输出页面作为工作页面
	保存工作页面数据
	另存工作页面数据
	取消对工作页面数据所作的修改
	删除工作页面数据记录

二、产品属性

产品属性页面包含了与计算粒径测量有关的粉末或溶剂的物理属性。对于不同的系统，设置也有所不同。

OPUS 产品数据页面包括固体颗粒和液滴的一些物理属性，这些属性影响到粒径分布计算和产品的其他特征。在本页面的第二个表单中，可以设置产品的计算方法。

(一)一般属性

1. 物态(State of matter)

固体颗粒(Solid particle)或液滴(Liquid droplet)。

2. 密度(Density)

物体密度用于计算以质量描述的粒径分布的表面积。对于乳液，用于计算衰减截面面积。

3. 固体颗粒(Solid particles)

形状系数(Shape factor)。形状系数等于颗粒表面积除以同体积球体的表面积，描述非球体的形状特性，用于计算体积和质量粒径分布。

4. 液滴(Liquid Droplets)

• 声音传播速度(Speed of sound)。从文献查找或测量液滴中的声音传播速度。

• 吸收系数(Absorption coefficients)。利用 OPUS 测量吸收系数。

(二)计算参数

• 粒径范围(Particle size range)。输入所关心的粒径范围，对该范围进行计算。

• 粒径级(Particle size classes)。划分的粒径级，只需输入粒径级个数，系统自动计算出对数刻度的粒径级范围。

• 衰减极值(Attenuation limit)。信号衰减的最大值。参考"OPUS 原始信号评价"部分(见本书第二章第二节)。

• 最大频率校正(Max. frequency correction)。衰减量超出衰减极值的最多频率数。

• 强制稳定(Forced stability)。不同测量条件下，不经意的声响可能会造成类似于粗颗粒的超声波衰减效果。可以设置一个大于 0 的阀值滤去这些假峰。其定义为：计算粒径分布时，从最粗颗粒开始，可以忽略的粒径级个数。

然而，这种方法可能会丢失粗颗粒信息。

• 衰减函数(Extinction function)。指定产品计算所用的衰减函数，该函数由 KSIGMA 计算得到，并已导入数据库。

• 利用理论计算，不使用衰减函数(Use theoretical evaluation without extinction function)。如果颗粒非常细(粒径 $<5\ \mu m$)，可以不使用衰减函数进行计算。这种情况下，需要提供产品特性、密度、黏度，以及声速等信息。

• 气泡校正(Calculate gas bubble correction)。如果该选项被选中，可以消除气泡对测量结果的影响。对于固体颗粒悬浮液，常规测量时气泡校正需要提供更多信息。

• 利用极值曲线(Use limit curves)。对于每个产品，可以指定上边界和下边界极值。如果选中"Use limit curves"，将出现一个包含所有存储的极值记录的下拉框，可以从中选择一个。按下 Edit 按钮，可以打开一个对话窗口，输入边界极值表，并各自命名保存。该名字将显示在下拉列表中。

如果该选项被选中，这个产品的每个粒径分布曲线都将显示上下限极值曲线。相应地，如果显示插补的粒径值或粒径分布值，每个 QT 图将另外显示极值水平线。

此外，产品计算期间，如果计算结果超出极值范围，将产生一个警告，内容为"太粗"或"太细"。

• 产品说明(Product-specific comment)。页面的编辑区用来输入注释信息，注释将同产品特性一起保存。

• 显示查账索引(Audit trail display)。如果在 FDA CFR 21 标准中第 11 条模式下操作数据库，修改测量所用的每个产品参数都将记录在产品特性的查账索引中。查账索引作为报表的一部分输出，或者按下按钮，在窗口中显示。

(三)特征极值(Quality limits)

从产品页面可以调出对话窗口，输入粒径极值，包括累计粒径分布的上限值和下限值。

1. 编辑数据

用户自定义记录名称(Record name)不超过40个字符。极值表保存在数据库中,以其名称进行标识。

极值曲线数据(Values of the quality limit curves)表包括31行、3列。标题分别为粒径(Size)、下限(Lower limit)和上限(Upper limit)。对于每个粒径都需要输入累计分布的上限值和下限值。

按下按钮,删除当前曲线。

按下按钮,取消从开始以来的所有改动。如果记录为输入值,删除该记录;如果记录从数据库中调用得到,重新从数据库中调取。

按下按钮,将对数据进行处理,并绘制曲线。每个下限值必须小于相应的上限值。两个曲线都是单升曲线,中间没有极值点。如果这些条件不满足,数据处理将中止,并显示出错信息。数据尚未存入数据库。

按下按钮,可以对数据表进行排序。

2. 修改曲线数据

1)数值偏移(Shift values)按钮

极值曲线可以在x方向或Q方向上进行转换。这个功能可以利用产品的理想曲线生成上、下边界曲线。上、下边界的偏移值可以定义为Q方向绝对百分数,或者x方向相对百分数。按下Shift values按钮,两个边界曲线按照指定的偏移值同步进行转换。如果指定粒径进行转换,显示的Q为新曲线内插值。

2)删减数据点(Cut off curve points)按钮

通常情况下,过于接近0或者100%的数据作用不大。如果曲线包含这些数据,将导致有效界限太窄,或者数据冗余。利用该按钮,可以删除曲线前部小于cut-off limits的数据,以及后部大于cut-off limits的数据。

当极值曲线由实测曲线转换得到时,这个功能特别有用。因为实测曲线通常包含若干0或100%数值。

3. 从数据库中选择曲线

极值曲线除手工输入外,还可以导入以前测量数据得到,这样可以减小工作量。

选择量程后,在选择下包线(Choose lower limit curve)和选择上包线(Choose upper limit curve)两个列表框中显示该产品所有测次的日期、时间。用鼠标单击列表框中记录(日期/时间/系统号),选择相应的粒径曲线作为极值曲线,同时在表格和曲线图中显示。利用上、下键滚动列表框,并观察曲线值,以选择适当的曲线。也可以将同一曲线分别选为上、下边界曲线,然后利用Shift values按钮生成最终曲线。

1)导入/导出/std. -dev. 向导

单击该按钮,可以按照下列方式生成极值曲线:

- 导出为Excel逗号分隔CSV文件,或导入CSV文件。
- 用户选择该产品的多个测次,进行统计分析,利用其特征值自动生成极值曲线。计算出产品的平均值曲线和曲线上每个测点的标准差,然后将均值曲线上各测点左移,作为下限曲线;右移,作为上限曲线。偏移值等于标准差乘以标准差系数。标准差系数通常取

2 或 3，数据越大，表示容许偏差越大。

利用这种方式生成的极值曲线可用于检测异常测次。超出极值曲线的测次，很可能是由于产品特性发生了变化，而不是测量过程的随机误差。

2）保存（Save）

单击 Save 按钮，以用户指定的记录名将表中数据保存在数据库中，关闭对话窗口，退回测量控制程序的产品页面。

3）删除（Delete）

单击 Delete 按钮，删除当前极值记录，关闭对话窗口，退回测量控制程序的产品页面。

4）取消（Cancel）

单击 Cancel 按钮，关闭对话窗口，返回测量控制程序的产品页面，不保存数据。

三、溶剂特性

溶剂数据页面包括与粒径测量有关的溶剂物理属性。对于不同的系统设置有所不同，OPUS 溶剂属性包括以下几种。

（一）密度（Density）

密度用于计算粒径分布。

（二）黏度（Viscosity）

如果选项 Use theoretical evaluation without extinction function 被选中，黏度用于计算粒径分布。

（三）声速（Speed of sound）

声速用于粒径分布计算。

（四）吸收系数（Absorption coefficients）

吸收系数用于计算乳液中液滴粒径分布，可以用 OPUS 测得。

（五）注释（Liquid-specific comment）

注释同溶剂属性一起保存。

（六）显示查账索引（Audit trail display）

如果在 FDA CFR 21 标准中第 11 条模式下操作数据库，修改测量所用的每个产品参数时都将记录在产品特性的查账索引中。查账索引作为报表的一部分输出，或者按下按钮，在窗口中显示。

四、量程

量程是指传感器可以测到的粒径范围。OPUS 量程基于用户定义的最低频率、最高频率，以及分辨率。创建 OPUS 量程，利用工作页面图标栏的按钮，编辑 OPUS 量程页面数据。量程的名称由程序自动生成。

OPUS 量程由常规测量扫描所采用的频率系列和间隙宽度组成。量程依据 OPUS 原始信号评估进行设置。

（一）频率间隔（Frequency interval）

频率间隔为常规测量采用的扫描频率范围。

(二)频率个数(Number of frequencies)

频率个数指的是扫描频率的分级数。程序用频率间隔除以频率个数自动生成对数坐标下的频率值。

(三)间隙宽度(Gap width)

间隙宽度指定测量采用的间隙宽度。

(四)气泡改正(Measure gas rubble correction data)

如果该选项被选中,可以消除气泡对测量结果的影响。对于固体颗粒悬浮液,常规测量气泡校正需要提供更多信息。

五、触发条件

触发器(测量条件)页面包含了测量启动和停止的条件参数。不同传感器的触发条件差别很大。

OPUS 触发器页面分为两个部分:背景测量和常规测量。

(一)背景测量

测量历时(Duration)。背景测量的历时应足够长,以便获得背景信号的可靠统计数据。缺省值为 1 个循环。

(二)常规测量

- 测前校准(Align prior to measurement)。如果该选项被选中,进行测量前,系统将首先启动自动校准程序。只有在发生可能造成失准的机械改变时(例如设备维护进行了拆卸),OPUS 才需要进行测前校准。
- 启动延时(Start delay)(停若干秒后开始)。当触发器发生启动事件后,延迟指定的时间后开始测量。
- 启动事件(Start event)。启动测量可以选择下拉框中的如下方式:
  - 按下启动按钮;
  - 某一频率下的绝对衰减信号量或相对衰减信号量。

可以把某一频率下的绝对衰减信号量或相对衰减信号量作为触发条件。绝对衰减信号量指未经校正的原始信号量,而相对衰减信号量指原始信号减去背景信号后的信号量。当达到启动信号区间时,开始测量。

通过信号测试窗口可以发现某个测量任务的最敏感频率。

在最右边的选择框中选择“and”,可以定义两个启动条件。只有两个条件都同时满足,测量才会启动。

- 启动信号区间(<=…<=)。启动条件左端和右端的数值定义为:
  - 指定频率下的绝对衰减信号;
  - 减去同频率下背景信号后的相对衰减信号。

两个数值组成了一个区间,实测信号量进入该区间后,将开始测量。

- 停止条件(……后测量结束)。测量在指定时段后停止,该条件可以是实际时间或者循环次数。

六、测量说明

在本页面的编辑区可以输入对本次测量的注释文字,同测量数据一同保存。可以在测量前或测量结束后输入或编辑测量说明。测量说明字数可以没有限制,但应注意,说明文字会占用数据库中存储空间。

如果要在测量结束后修改测量说明,应确认相应的测量为激活状态,也就是说,其日期和时间显示在当前测次栏中。然后编辑文本,再利用按钮或者菜单进行保存。

七、测量控制程序数据输出

本页面用来定义测量成果类型,以及输出媒介。

(一)初始计算(Start of evaluation)

Immediately after measurement	每次测量结束后,自动进行计算,并输出结果
Evaluate current measurement	对当前测次进行计算,并输出结果。如果当前测次栏没有显示日期和时间,应利用数据库选择器或数据库浏览按钮从库中选择一个测次作为当前测次 如果要对多个测次进行计算、输出(测量序列或统计),可以通过数据库选择器完成

(二)报表(Report)

可以选择:

- 单次测量报表;
- 统计计算。

 Screen	在报表输出窗口中显示
 Printer	打印报表
	打开报表编辑器,选择和修改报表模板
	打开报表输出窗口

(三)分布图(Distribution diagram)

可以选择显示以下两种图形:

- 单次测量分布图,和/或
- 统计图,包括均值和标准差。

	打开分布图窗口
Q(t) Diagramm	显示趋势图
	打开趋势图窗口

利用模板命令@ GRAPH 或@ TREND 可以在报表中自动打印图表,或者在图表窗口中单独进行打印。

- 取消修改。利用该命令可以取消在工作页面中所做的所有修改,所有数据恢复为数据库中存储值。该命令也可以取消数据库记录删除以及计算输出页面的修改。

第六节 信号测试窗口

OPUS 信号测试窗口(见图 3.2)可以显示当前测次的原始信号(在线模式),或从数据库中调取的测量信号(DB 模式)。

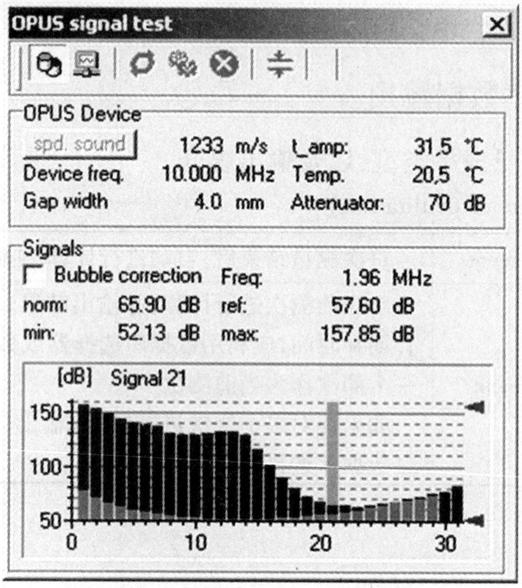

图 3.2　OPUS 信号测试窗口

条形图中显示每个测量频率(个数不超过 31)的原始信号。在线模式和 DB 模式下显示有所不同。另外,在线模式下,窗口右上角有一个小的滚动标志,表示正在获取数据,DB 模式下则不显示。

请注意:正在进行背景测量或常规测量期间,信号测试窗口为非激活状态,以防止对信号测试或测量造成干扰。

一、信号测试窗口的按钮

	切换到 DB 显示模式。显示的所有数据均为当前测次的平均值。蓝色条块代表常规测量,灰色条块代表背景测量
	切换到在线模式。蓝色条块代表瞬时衰减量,图形右边的红色三角和绿色三角分别代表当前测次的最大衰减量和最小衰减量
	清除信号测试的最大值、最小值,根据瞬时最大值对图形进行缩放。该功能仅在在线模式下可用
	将信号测试窗口放大,以便于手动调整传感器
	中止当前操作
	启动传感器自动调整功能。该功能仅在手动调整时可用
spd. sound	测试溶剂中声音的传播速度

二、OPUS 传感器状态数据显示区

spd. sound	按钮右边显示声速值。该数据可以手动输入,或按下按钮自动测得
t_amp	实测 OPUS 放大器温度。请注意不要超出额定温度区间
Device freq.	当前发射器设定的超声波频率。该数据可能与条形图上选定的数据(在 Freq. 区显示)不一致。单击该字段可以调出一个输入窗口,输入设定频率
Temp.	实测探头温度。请注意不要超出额定温度区间
Gap width	发射器到接收器之间的距离。单击该字段可以调出一个输入窗口,输入设定间距
Attenuator	当前使用的衰减器。该数据由系统自动设置,用户不能修改

三、测量信号数据显示区

Bubble correction	如果该项被选中,图表区将自动划分为两部分:一部分显示颗粒测量信号;另一部分显示气泡校正信号。在 DB 模式下,如果调取的测次含有气泡校正数据,该项将自动被选中
Freq.	用鼠标在图表上选取的条块对应的频率。在在线模式下,如果选中最右边条块,其频率与设备频率值相同
norm.	DB 模式下:常规测量的原始信号 在线模式下:当前原始信号 两种情况下显示的都是被选中频道的对应值
ref.	仅在 DB 模式下可用。被选中频道对应的背景测量信号
min.	信号显示的最小值 DB 模式下:为图表中的最小频率值 在线模式下:缺省为信号测试时的最小频率值,直到用户按下 Refresh 按钮后,该数据才改变
max.	信号显示的最大值 DB 模式下:为图表中的最大频率值 在线模式下:缺省为信号测试时的最大频率值,直到用户按下 Refresh 按钮后,该数据才改变

四、传感器调整

进行传感器调整的目的是保证发射器和接收器处于平行位置。为此,可以利用鼠标,使电机驱动器进行双向调整,或者自动进行调整。调整成功的标志是,信号衰减达到最小,即 norm. 字段的值达到最小。

（一）手动调整

按下按钮后，OPUS 测试对话框便于利用鼠标对马达驱动器进行调整。按下方向按钮 Up、Down、Left 或 Right 时，马达启动。如果某个方向键带有红色边框，表示该方向已达到最末端。

（二）自动调整

系统通过一套复杂的算法可以自动调整到最小衰减位置。这个过程需要消耗一段时间，而且如果信号质量差或者马达驱动器超载，操作可能会失败。如果自动调整失败，可以手动调整。

第七节　ACPLT/KS 服务器

WINDOX 5 测量控制程序被设计为一个数据服务器程序，兼容 ACPLT/KS 标准。该标准通常称为“过程控制工程互联网”，由亚琛科技大学过程控制工程学院发布。详情参见 http://www. plt. rwth - aachen. de/index. php? id = 159。

使用 WINDOX ACPLT 服务器，需要安装两个 MS-Windows 服务程序，通常包含在 WINDOX 5 安装程序中。此外，还需要通过菜单项 Start ACPLT Server 启动测量控制程序的 ACPLT 服务器程序。

如果服务器正在运行，通过对话框 ACPLT Report Settings 选择的数据将传送给其后的每次测量。如果仅仅显示或打印数据库中保存的测次，不进行数据刷新，这也符合 ACPLT网络意途，提供最新的处理信息。

利用测量控制程序的菜单项 ACPLT Setting，可以确定需要通过 ACPLT/KS 发布的数据。此外，ACPLT/KS 接口可以用于传感器远程控制。

从 ACPLT 首页可以免费下载一个多功能运行库，其中包括一系列用于读取网络数据的 C++类、OLE 控件和 Java 控件，以及其他通信软件。根据不同的数据处理需求，ACPLT/KS发明者提供了一个 ACPLT/KS 客户端程序、OLE 控件（例如 Excel OLE 接口），以及 TTREE. EXE 程序。

ACPLT/KS 网站结构

WINDOX ACPLT/KS 服务器网站目录标示为// <*HOSTNAME*>/<*SERVERNAME*>，其中：

• HOSTNAME 为正在运行 WINDOX 测量控制程序的主机名，后面可以加上所有端口（例如//MYPC:23456/…）。对于本地计算机，HOSTNAME 可以取值为 localhost。

• SERVERNAME 通过测量控制程序菜单项 Extras、ACPLT 进行设置。

查看 ACPLT/KS 网站文件的最简便方法是利用软件 TTREE. EXE。

WINDOX 文件夹结构如下。

（一）控制（Control）文件夹

控制文件夹用于传感器远程控制，包括应用程序和 ACPLT/KS 客户端之间的数据交换等。其中提供的变量说明如下：

变量	说明
command	当启动服务器程序后，该变量自动清空，等待客户端写入。WINDOX ACPLT/KS 服务程序读取客户端写入该变量的每条字符串，翻译为程序语句，然后执行。前一条命令尚未执行结束时，可能又写入了另一条命令。这种情况下，会组成一个等待执行的命令队列。使用这个特性应非常小心，因为队列中的命令执行期间不能进行交互操作。也就是说： • 当队列中的某条命令执行出现错误时，处理过程不会停止； • 不能使用多行语句（例如，IF…ENDIF 和 REPEAT…UNTIL） **说明：** Abort 命令不进入队列，而是立即执行，中止当前运行的程序语句，并清除命令队列
queue	整型数，表示队列中正在等待执行的命令个数
result	字符串，内容为： • 当前正在执行的命令（EXEC：…），或者 • 最近一条命令的执行结果。如果执行成功，result = RDY；如果出现错误，result = < 错误号 > **说明：** 如果 ACPLT/KS 客户端需要根据命令的执行结果进行决策，建议不要使用命令队列，因为变量内容很快会改写为下一条命令（EXEC：…）而无法访问
state	6 位整型变量（范围：0..63）表示测量控制程序的状态。各个二进制位代表的含义如下： 1——传感器已连接好，准备就绪 2——可以进行背景测量 4——可以进行常规测量 8——系统被远程控制 16——一个应用程序正在运行 32——（内部使用） 举例： state = 24，表示系统被远程控制，一个应用程序（例如，远程命令）正在运行
value01，…，value10	10 个常规变量，用于 ACPLT/KS 服务器和客户机之间交换信息。在服务器端，可以用语句 ACPLTWRITE 写入其中一个变量

（二）报表（Report）文件夹

用于生成 WINDOX 报表，发布用户变量值。用户变量的名称和属性用测量控制程序的菜单项 ACPLT Setting 进行定义。

对于测量控制而言，本文件夹十分有用。例如，因为所有用户自定义测量数据都在这里发布，这些数据可以用于实验室自动控制。

（三）厂商（Vendor）文件夹

根据 ACPLT/KS 标准，本文件夹继续存在，用于显示厂商信息。

第四章　WINDOX 应用程序

第一节　WINDOX 应用程序概述

在应用软件窗口的所有参数设置都可以通过菜单 Application、Save(或 Application、Save as)作为应用程序进行保存。

通过这种方式可以创建应用程序，可以利用菜单 Application 打开应用程序，恢复应用软件窗口参数。

应用程序示例如下：

```
    INITIALIZATION
    //
    // This block is called when the Application is loaded.
    PRODUCT = "my powder"
    TRIGGER = "my trigger condition"
    DISPERSER = "RODOS"
    DISPMET = "disperser set up for SiC - F1200"
    COMMENT = ""
    P1 = ""
    P2 = ""
    P3 = ""
    P4 = ""
    P5 = ""
    P6 = ""
    P7 = ""
    P8 = ""
    P9 = ""
    P10 = ""
END

REFERENCE
    //
    // This block is called by pressing the reference button.
    RMES
END
```

```
MEASUREMENT
  //
  // This block is called by pressing the measurement button.
  NMES
END

TERMINATION
  //
  // This block is called by pressing the stop Button.
  DSYSSTOP
END

MAIN
  //
  // This block is called when the Application is called as subroutine.
END
```

应用程序通过 WINDOX 解释程序执行。可以对应用程序进行扩展、修改。

如上所示,应用程序由若干段组成。每段以标题开始,以关键字 END 结束。每段对应于不同的功能模块。

功能模块由语句组成。语句包括:

- 关键字(如 RMES),称做无参数语句。
- 关键字+参数(如 WAIT 10),称做有参数语句。
- 赋值语句,结构为:"left value" = "right value"。
- 说明语句,或空行。

同手持计算器相似,可以使用 10 个数值变量和 10 个文本变量。此外,还包括用来控制程序流的逻辑判断语句。

WINDOX 软件随带的 READ_AND_TEST_ME 程序包含几乎所有语句类型。

第二节 语句列表

应用程序可用的语句和表达式如下:

A

ABORT	中止程序执行
ABS	计算绝对值 $\|X\|$
ACPLTREAD	读取 ACPLT/KS web 变量
ACPLTSTATE	ACPLT/KS web 变量状态
ACPLTTIME	ACPLT/KS web 变量修改时间
ACPLTWRITE	写入 ACPLT/KS web 变量

AND	逻辑与(AND)运算
AVI	播放 AVI 文件
B	
BANNERMSG	在状态栏显示信息
BITAND	位与操作(位 AND)
BITOR	位或操作(位 OR)
BREAK	提前中止循环体
C	
CALC	计算、输出测量控制程序的当前测次
CALCAFTERMEAS	激活或禁止测量后立即计算
CALL	调用功能模块
CHAR	将整型数转换为对应的 ASCII 符
CLOCKWAIT	保持程序运行与时钟同步
COMMENT	设置或读取传感器控制窗口的说明信息
COMMONS1...COMMONS20	全局字符串变量
COMPUTER	返回计算机名称
CONTINUE	立即执行下一个循环
COUNTMEAS	返回可用测量次数
CREATEDIR	创建目录
D	
DATAEXPORT	将图像分析数据输出到 CSV 文件或 XML 文件
DBFILTER	设置数据库过滤条件
DECISIONBOX	提示用户做出 Yes/No 决策
DEFSIO1...DEFSIO10	改变串行端口参数(COM1,…,COM10)
DEFUSERPAR1...DEFUSERPAR10	定义自定义参数的属性
DELETEDIR	删除目录
DELETEFILE	删除文件
DELMEAS	从数据库中删除指定测量数据
DIREXIST	检测某个目录是否存在及可用
DIV	计算两个整数相除的尾数
DTEMPLATE	选择报表模板,激活或禁止报表显示
DTSTRING	将时间类型数据转换为可识别文本
DTVALUE	将时间串转换为时间类型变量
E	
END	功能模块结束
ERRORMODE	错误处理模式
ERRORNUMBER	最近语句执行结果

EXECUTE	从 WINDOX 应用程序中调用外部 Windows 程序
EXIT	(子)程序终止
EXP	计算 e^X
F	
FILEEXIST	检查某文件是否存在、用户是否可读取
FIRSTPKEY	选择数据库中的首条测量记录
G	
GAPWIDTH	设置或读取当前 OPUS 传感器间隙宽度
GETSOS	读取 OPUS 系统混合液中声速
I	
IF-ELSE-ENDIF	IF-ELSE-ENDIF 分支结构
INFILE	从输入文件中读取下一条数据
INFILENAME	输入文件的名称
INITIALIZATION	程序模块开始语句,INITIALIZATION
INIREAD	返回初始化文件(.INI)中的一条记录
INIWRITE	向初始化文件(.INI)中写一条记录
J	
JOURNAL	返回当前测次数据报表文本
K	
KEYDATETIME	提示用户输入日期、时间
KEYLIST	提示用户从列表中选择
KEYLISTEX	同 KEYLIST,但带有过滤条件
KEYNUM	提示用户输入数值
KEYSTRING	提示用户输入字符串
L	
LASERSIGNAL	从仪器的检测器上读取当前的光学测试密度或有效信号
LASTPKEY	选择数据库中末条记录
LIQUID	设置或读取 OPUS 传感器控制窗口的溶剂名称
LN	计算自然对数
LOCALTIME	返回测量所用计算机的当前时间
LOGMSG	向日志窗口写入一条消息
M	
MAIN	功能模块开始语句,MAIN
MEASUREMENT	功能模块开始语句,MEASUREMENT
MOD	计算两个整数的余数
MSG	新打开一个窗口,显示一条信息
MSGBOX	在窗口中显示一条信息,包括用户自定义选项和布局方式

N

N1,...,N20	局部数据变量
NEXTPKEY	选择数据库中下一条记录
NMES	开始测量
NOT	逻辑非

O

ONUSERBREAK	设置或读取用户中止时的处理程序
OR	逻辑或
OUTFILE	将字符串添加到文件中
OUTFILENAME	输出文件的名称

P

P1,...,P10	设置或读取传感器控制窗口的用户参数值
PKEY	调取当前测次的主键
POW	计算的 X^Y 值
PREVPKEY	从数据库中选取前一条测量记录
PROCESSEVENTS	在多用户环境下处理用户事件
PRODUCT	设置或读取传感器控制窗口的产品名称
PTEMPLATE	选取报表模板,激活/禁止报表打印

Q

QTTEMPLATE	选择趋势线模板,激活/禁止显示趋势线
QXTEMPLATE	选择分布图模板,激活/禁止显示分布图

R

RANCE	设置或读取传感器控制窗口的量程
REFERENCE	功能模块开始语句,REFERENCE
REM	在应用程序中开始附注行
REPEAT-UNTIL	REPEAT/UNTIL 循环
REPORT	返回当前测次的报告文本
RETURN	正常结束子程序,返回结果值

S

S1,...,S20	局部文本变量
SETPKEY	从数据库中调取主键对应的测次
SIO1,...,SIO10	从串行通信端口(COM1,…,COM10)读取字符串
SIOTIMEOUT	设置串行端口的超时值
STATCALC	统计计算并输出
STATDTEMPLATE	选择统计输出的显示模板
STATPTEMPLATE	选择统计输出的打印模板
STATQXTEMPLATE	选择统计输出的分布图模板

STATREPORT	返回测量系列统计结果文本
STATUSMSG	在测量控制程序的标题栏显示消息
STOREMINFO	将当前测次修改后的用户参数和注释信息保存到数据库
STRLEN	计算字符串中的字符个数
STRLOWER	将字符串转换为小写
STRPOS	在字符串中查找某个(段)文本的位置
STRTRIMLEFT	删除字符串中开头的空白字符
STRTRIMRIGHT	删除字符串中末尾的空白字符
STRUPPER	将字符串转换为大写
SUBSTR	从字符串中抽取一段
SYSTEMTIME	以国际标准时间格式返回日期和时间

T

TCPCONNECT	TCP/IP 服务器同远程服务器建立连接
TCPDISCONNECT	断开 TCP/IP 连接
TCPIP	通过 TCP/IP 连接向其他应用程序发送/接收消息
TCPREAD	通过 TCP/IP 连接读取一个字符串
TCPWRITE	通过 TCP/IP 连接发送一个字符串
TEMPMSG	在临时窗口显示一条信息
TERMINATION	功能模块开始语句,TERMINATION
TRIGGER	设置或读取传感器控制窗口的触发器名称
TRUNC	计算一个数据的小数部分

U

USERLOGIN	返回当前用户的登录信息
USERNAME	返回当前用户的全名

W

WAIT	使程序执行延迟一段时间
WAV	播放 WAV 文件
WHILE-ENDWHILE	WHILE 循环

其他表达式

%1,...,%10	调取子程序的参数值
=	赋值操作符
+	将两个数据相加,或者将两个字符串合并
-	两个数据相减
*	两个数据相乘
/	两个数据相除
<, >, =, < >, < =, > =	逻辑比较操作符
;	注释开始
//	注释开始

一、语句格式

为保证正确执行,语句应遵循如下规则。

(一)关键字

关键字可以大写或小写。例如:

SIOTIMEOUT = 10 与 SioTimeOut = 10 相同。

(二)数值

整型数不需要加小数点。例如:

N1 = 5

N2 = 3.14

(三)字符串

文本(字符串)必须用单引号或双引号括起来。例如:

S1 = 'Text in single quotes'

S2 = "Text in double quotes"

在双引号括起来的字符串中可以使用单引号。例如:

S1 = "This is a text containing 'single quotes'"

(四)注释

注释语句可以加在应用程序的任意位置。注释行以 REM、//(双斜线)或;(分号)开头。注释可以是一整行或位于语句结尾。例如:

```
// Settings of the sensor control window
PRODUCT = "Product A" ; Product A is selected
RANGE = R4 // measuring range R4 is set up
REM settings done.
```

二、变量和运算符

变量用来保存数据。在应用程序中可以最多使用 20 个数据变量和 20 个文本变量。通过一些只读变量可以调取计算机状态信息。

(一)变量

应用程序可用变量包括全局变量和局部变量。

1. 全局变量

全局变量在主程序和子程序中通用,可用文本变量有 20 个:COMMONS1 ~ COMMONS20。

说明	S1 ~ S20 为 20 个文本变量,可以单独使用
错误码	1057:. . . :操作对象未赋初值
例子	COMMONS2 = PRODUCT 将测量控制程序中的当前测次名称赋给变量 COMMONS2

2. 局部变量

局部变量在各个程序单元内定义，因此每个子程序都有自己的变量。可用局部变量包括 20 个数值变量和 20 个文本变量。

1) N1 ~ N20

说明	N1 ~ N20 是 20 个数值变量，可以单独使用
错误码	1053：第二个操作对象必须是数值 1057：. . . ：操作对象未赋初值
例子	N1 = JOURNAL,"@ xi. (50,3)" 将当前测次粒径分布的 X_{50} 值赋给 N1

2) S1 ~ S20

说明	S1 ~ S20 是 20 个文本变量，可以独立使用
错误码	1057：. . . ：操作对象未赋初值
例子	S2 = PRODUCT 将传感器控制窗口的当前产品名称赋给变量 S2

（二）运算符

运算符用来改变或计算原始数据的值。同一个运算符，对数据和文本效果可能不同。应用程序中可用的运算符如下。

1. 赋值运算符

赋值运算符 =

说明	赋值运算符不仅将右端的源数据赋给左端的目标变量，而且还可以将源数据的类型改变为左端的变量类型 如果将数值转换为字符串，转化结果包括数字、符号和小数点。数字个数减少为必要精度下的少数字数 如果将文本转换为数据，按照数据转换规则进行。如果字符串中含有非法字符，运行时将产生错误
例子	N1 = JOURNAL,"@ xi. (50,3)"。语句 JOURNAL 用来计算当前测次的粒径分布并返回文本。赋值符将文本转换为数据，并赋给数据变量 N1 S1 = 3.14。将数据 3.14 转换为文本，并赋给文本变量 S1

2. 算术运算符

1) 运算符 +

说明	将两个数据相加，或将两个字符串合并。+两边应为同类型数据
错误码	1080：运算对象类型应相同
例子	N1 = 1.5 MSG = N1 + 4.5 消息窗口中显示数据 6 S1 = "erster Text" MSG = S1 + " zweiter Text" 信息窗口中显示合并后字符串

2)运算符 -

说明	两个数据相减。不适用于字符串操作
错误码	1080:操作数必须为相同类型 1081:操作数必须为数值型
例子	N1 = 4.5 MSG = N1 - 1.5 信息窗口中显示数据 3

3)运算符 *

说明	两个数据相乘。不适用于字符串操作
错误码	1080:操作数必须为相同类型 1081:操作数必须为数值型
例子	N1 = 4.5 MSG = 2 * N1 信息窗口中显示数据 9

4)运算符/

说明	两个数据相除。不适用于字符串操作
错误码	1080:操作数必须为相同类型 1081:操作数必须为数值型
例子	N1 = 4 MSG = 24/N1 信息窗口中显示数据 6

5)运算符 BITAND

说明	对两个数据逐位进行“与”操作。不适用于文本
错误码	1080:操作数必须为相同类型 1081:操作数必须为数值型
例子	MSG = 26 BITAND 9 信息窗口中显示数据 8 十进制数 26 对应于二进制 11010,十进制数 9 对应于二进制 01001 11010 BITAND 01001 结果为 01000,对应于十进制数 8

6)运算符 BITOR

说明	对两个数据逐位进行“或”操作。不适用于文本
错误码	1080:操作数必须为相同类型 1081:操作数必须为数值型
例子	MSG = 18 BITOR 4 信息窗口中显示数据 22 十进制数 18 对应于二进制 10010,十进制数 4 对应于二进制 00100 10010 BITOR 00100 结果为 10110,对应于十进制数 22

7)运算符 DIV

说明	计算两个整数相除的尾数。不适用于文本
错误码	1080:操作数必须为相同类型 1081:操作数必须为数值型
例子	MSG = 26 DIV 4 信息窗口中显示数据 6

8)运算符 MOD

说明	计算两个整数的余数。不适用于文本
错误码	1080:操作数必须为相同类型 1081:操作数必须为数值型
例子	MSG = 26 MOD 4 信息窗口中显示数据 2

3. 比较运算符

比较运算符 <, >, =, < >, < =, > =

说明	比较运算符是逻辑表达式的一部分,结果为“真”或“假”,用于控制结构。如果两个字符串进行比较,将从左边开始逐个字符进行。字符的值取决于计算机采用的字符集。比较结果取决于第一个不同字符
错误码	1080:操作数必须为相同类型
例子	IF 2 > 10 　MSG = "2 is numerically greater than 10" ENDIF 由于 2 小于 10,信息窗口中无输出显示 IF "2" > "10" 　MSG = "2 is lexicographically greater than 10" ENDIF 从左到右逐字符比较,字符串‘2’大于‘10’,所以信息窗口中显示信息

4. 逻辑运算符

1) 运算符 AND

说明	对两个数据进行逻辑与操作。数据 0 对应于 false,其他非 0 值对应于 true。不适用于文本
错误码	1080:操作数必须为相同类型 1081:操作数必须为数值型
例子	N1 =4 MSG =24 AND N1 信息窗口中显示数据 1(true)

2) 运算符 OR

说明	对两个数据进行逻辑或操作。数据 0 对应于 false,其他非 0 值对应于 true。不适用于文本
错误码	1080:操作数必须为相同类型 1081:操作数必须为数值型
例子	N1 =0 MSG =24 OR N1 信息窗口中显示数据 1(true)

3) 运算符 NOT

说明	逻辑非,可以与 AND 和 OR 连用
错误码	1081:操作数必须为数值型

例子	N2 =0
	MSG =1 AND NOT,N2 // 请注意 NOT 后面的逗号
	信息窗口中显示数据 1(true)

5. 数值函数

1) ABS, < *X* >

说明	计算绝对值|*X*|
参数	参数 < *X* > 为数据
结果	返回数据绝对值
错误码	1006:参数非法 1007:参数必须为数值型 1011:必须用于赋值语句 1017:缺少逗号
例子	N1 = ABS, -12.34 S1 = N1 S1 = "Result is: " + S1 MSG = S1 信息窗口中显示数据 12.34

2) EXP, <X>

说明	计算自然幂 e^X
参数	参数 <X> 为指数
结果	返回 e^X 值
错误码	1006:参数非法 1007:参数必须为数值型 1011:必须用于赋值语句 1017:缺少逗号
例子	N1 = KEYNUM, "Please enter exponent:" S1 = EXP, N1 S1 = "Result is: " + S1 MSG = S1 提示用户输入指数,然后显示计算结果

3) LN, <X>

说明	计算 <X> 自然对数
参数	参数 <X> 为数据
结果	返回 LN(X) 的值
错误码	1006:参数非法 1007:参数必须为数值型 1011:必须用于赋值语句 1017:缺少逗号
例子	N1 = KEYNUM, "Please enter a number:" S1 = LN, N1 S1 = "Natural logarithm is: " + S1 MSG = S1 提示用户输入一个数据,然后显示其自然对数值

4) POW, <X>, <Y>

说明	计算 X 的 Y 次方(X^Y)
参数	<X> 为底数, <Y> 为指数。两者均应为数值型
结果	返回 X^Y 的值
错误码	1006:参数非法 1007:参数必须为数值型 1011:必须用于赋值语句 1017:缺少逗号 2560:内部错误,计算期间出现错误
例子	N1 = KEYNUM, "Please enter base:" N2 = KEYNUM, "Please enter exponent:" S1 = POW, N1, N2 S1 = "X to the power of Y is: " + S1 MSG = S1 提示用户输入底数和指数,然后显示计算结果

5）TRUNC，<*X*>

说明	返回数据<*X*>的整数部分，正数向下取整，负数向上取整
参数	参数<*X*>为用于舍入计算的数据
结果	返回数据<*X*>的整数部分
错误码	1006：参数非法 1007：参数必须为数值型 1011：必须用于赋值语句 1017：缺少逗号
例子	N1 = KEYNUM，"Please enter a number：" S1 = TRUNC，N1 S1 = "Integer fraction is：" + S1 MSG = S1 提示用户输入一个数据，然后显示其整数部分

6. 字符串函数

1）CHAR，<*code*>

说明	将整型数转换为对应的字符，可用于在文本串中插入不可打印的字符
参数	参数<*code*>为字符在当前操作系统字符集中的代码
结果	返回对应的字符

例子	S1 = "Line 1"
	S1 = S1 + CHAR，10 // add a line feed
	S1 = S1 + CHAR，13 // add a carriage return
	S1 = S1 + "Line 2"
	MSGBOX S1
	在信息框中显示两行文本

2）STRLEN，<*text*>

说明	返回字符串中的字符个数，或称为文本长度
参数	参数<*text*>为待分析文本
结果	返回字符个数。空字符串返回0
错误码	1006：参数非法 1011：必须用于赋值语句 1017：缺少逗号
例子	S1 = KEYSTRING，"Please enter a line of text：" N1 = STRLEN，S1 S2 = N1 MSG = "Number of characters：" + S2 提示用户输入文本，然后显示文本中字符个数

3)STRLOWER,<*text*>

说明	将字符串转换为小写
参数	参数<*text*>为待转换文本
结果	返回转换后的文本
错误码	1006:参数非法 1011:必须用于赋值语句 1017:缺少逗号
例子	S1 = KEYSTRING,"Please enter a line of text:" MSG = STRLOWER,S1 提示用户输入文本,然后显示转换后的文本

4)STRUPPER,<*text*>

说明	将字符串转换为大写
参数	参数<*text*>为待转换文本
结果	返回转换后的文本
错误码	1006:参数非法 1011:必须用于赋值语句 1017:缺少逗号
例子	S1 = KEYSTRING,"Please enter a line of text:" MSG = STRUPPER,S1 提示用户输入文本,然后显示转换后的文本

5)STRPOS,<*pattern*>,<*text*>

说明	在字符串<*text*>中搜索<*pattern*>开始位置
参数	参数<*pattern*>为在<*text*>中搜索的对象
结果	返回<*pattern*>在<*text*>中的索引值。第一个字符索引值为 1。0 表示<*text*>中无<*pattern*>
错误码	1006:参数非法 1011:必须用于赋值语句 1017:缺少逗号

例子	S1 = KEYSTRING,"Please enter a line of text:"
	S2 = KEYSTRING,"Please enter the search pattern:"
	N1 = STRPOS,S2,S1
	IF N1 >0
	  S3 = N1
	  MSG = "Pattern found at: " + S3
	ELSE
	  MSG = "Pattern not found."
	ENDIF
	提示用户输入文本及搜索串,然后显示是否找到

6) STRTRIMLEFT, <text>

说明	删除字符串左边空白字符
参数	参数 <text> 为待处理文本
结果	返回处理后的文本
错误码	1006:参数非法 1011:必须用于赋值语句 1017:缺少逗号
例子	S1 = KEYSTRING, "Please enter a line of text with leading spaces:" MSG = STRTRIMLEFT, S1 提示用户输入文本,删除开头的空白字符然后显示

7) STRTRIMRIGHT, <text>

说明	删除字符串右边空白字符
参数	参数 <text> 为待处理文本
结果	返回处理后的文本
错误码	1006:参数非法 1011:必须用于赋值语句 1017:缺少逗号
例子	S1 = KEYSTRING, "Please enter a line of text with leading spaces:" MSG = STRTRIMRIGHT, S1 + "." 提示用户输入文本,删除右边的空白符然后显示。末尾的句号表示右边已经没有空白符

8) SUBSTR, <text>, <interval>

说明	从 <text> 中取出一段
参数	<text> 为原字符串。 <interval> 为开始和结束索引号,其定义为'开始编号..结束编号'。第一个字符编号为 1
结果	返回抽取的字符串
错误码	1006:参数非法 1011:必须用于赋值语句 1014:开始编号错误 1015:结束编号错误 1016:区间格式必须为'..' 1017:缺少逗号
例子	S1 = "Hello world!" S2 = SUBSTR, S1, 1..5 MSG = S2 显示文本'Hello'

7. 日期、时间函数

WINDOX 所用的日期、时间数据内部存储为 1900 年 1 月 1 日以来的天数。不需要经过复杂的转换就可以在 WINDOX 应用程序中进行比较(> 、< 、=)。另外,其表示格式国际通用。

WINDOX 采用的日期、时间表示格式为字符串格式,数值按逻辑格式排列(从最重要到最不重要)。例如,2003/09/27 10:47:03。不受操作系统的时间格式影响。

1) LOCALTIME

说明	返回计算机设定时区的当前时间
结果	按照上述格式返回日期、时间
错误码	1011:必须用于赋值语句
例子	MSG = LOCALTIME 信息窗口中显示数据 37526.4318022917(举例)

2) SYSTEMTIME

说明	返回 UTC(通用时间码,以前称为格林威治平均时间)当前日期和时间
结果	按照上述格式返回日期、时间
错误码	1011:必须用于赋值语句
例子	MSG = SYSTEMTIME 信息窗口中显示数据 37526.4318022917(举例)

3) DTSTRING, < *timecode* >

说明	将时间数值转换为文本格式
参数	参数 < *timecode* > 为数值型时间
结果	返回可读时间格式
错误码	1011:必须用于赋值语句 1017:缺少逗号
例子	MSG = DTSTRING, LOCALTIME 信息框中显示可读当前时间,例如 2002/09/27 10:47:03。时间格式可能与本地格式不同,但与数据库中浏览器中显示格式一致

4) DTVALUE, < *datetimestring* >

说明	将时间数据从文本型转换为数值型
参数	参数 < *datetimestring* > 为可读日期、时间字符串
结果	返回数值型日期、时间
错误码	1011:必须用于赋值语句 1017:缺少逗号 1062:日期、时间字符串无法转换
例子	MSG = DTVALUE, "2002-09-27 10:47:03" 信息窗口中显示日期、时间的内部存储数值,例如 37526,4493402778

5) KEYDATETIME, <*prompt*>[, <*default*>, <*layout*>]

说明	输入日期、时间。在窗口中显示用户定义的输入提示，以及日期、时间两个输入栏。日期可以利用日历组件进行录入
参数	<*prompt*>为提示信息 可选参数<*default*>为出入窗口打开时预设值 可选参数<*layout*>为信息框布局方式(参见第三节中 MSGBOX 介绍)。如果该项空白，采用缺省布局方式。缺省布局方式可以在选项对话框的 Application Message 部分进行设置
结果	返回数值型时间值
错误码	1011:必须用于赋值语句 1017:缺少逗号
例子	MSG = KEYDATETIME, "Please enter data and time", LOCALTIME 显示日期、时间输入对话框，缺省值为当前时间。例如用户选择 2002/9/27 13:50:09，按下 OK 按钮关闭对话框以后，将显示另一个窗口，显示数值型时间37526.5764930556 值

8. 系统变量

1) COMPUTER

说明	返回测量所用计算机的名称
错误码	1011:必须用于赋值语句
例子	MSG = COMPUTER 信息窗口中显示计算机名称

2) USERLOGIN

说明	返回当前用户登录信息，包括网络域名、计算机名等
错误码	1011:必须用于赋值语句
例子	MSG = USERLOGIN 信息窗口中显示当前用户登录信息(域名\用户名)。需要注意的是，文本输出时分隔符('\')和其后的字符组合可能会产生意想不到的结果(\N = 下一行，\R = 回车)

3) USERNAME

说明	返回当前用户的全名
错误码	1011:必须用于赋值语句
例子	MSG = USERNAME 信息窗口中显示当前用户全名

第三节　输入/输出函数

WINDOX 提供了多种数据输入/输出接口。包括：

- 信息提示
- 键盘输入
- 文件存取
- 通信端口
- 多媒体函数

一、信息提示

应用程序提供了不同的用户信息提示方式。

（一）BANNERMSG <*message*>，<*speed*>，<*color*>

说明	设置状态为查看器横幅，打开状态查看器
参数	参数 <*message*> 为提示信息内容 参数 <*speed*> 为横幅滚动速度。如果速度为 0，横幅不滚动 可选参数 <*color*> 为信息文本的颜色（0 代表红色，1 代表绿色，2 代表蓝色，3 代表黄色，4 代表灰色）。缺省值为黄色
例子	BANNERMSG "Hello world!"，100 如果状态查看器正在运行，以黄色显示信息“Hello world!”，并全速滚动 BANNERMSG "Attention, Error"，0，0 在状态查看器中以红色显示文本“Attention, Error”，横幅不滚动

（二）LOGMSG = <*messagetext*>

说明	将文本赋给变量 LOGMSG，存入 WINDOX 登录信息中。登录窗口不自动打开。不中断执行程序
参数	参数 <*messagetext*> 为信息内容
例子	LOGMSG = "Hello world!" 将“Hello world!”添加到信息登录数据中

（三）MSG = <*messagetext*>

说明	将文本赋给变量 MSG，在窗口中显示。窗口包括 OK 和 Abort 两个按钮，应用程序将挂起，直到其中一个按钮被按下。按下 OK 按钮继续程序运行，按下 Abort 按钮中止程序运行 通过设置选项的应用程序信息部分，可以改变信息窗口布局（包括字体、背景色）
参数	参数 <*messagetext*> 为信息内容
例子	MSG = "Hello world!" 在窗口中显示信息“Hello world!”

(四) MSGBOX <*messagetext*>[,<*time*>,<*layout*>]

说明	这是一个多功能信息显示命令,可以创建信息窗口,在窗口中显示信息,可以定义窗口显示的持续时间,也可以定义窗口布局方式和选项(请注意,与其他信息函数不同,MSGBOX不能赋值)
参数	• <*messagetext*>:信息内容 • <*time*>: 0 = 窗口一致显示,直到用户按下 OK 按钮或 Cancel 按钮。 正数 = 窗口持续显示指定时间(s),然后自动关闭。 负数 = 上述两个选项组合。窗口持续显示,直到用户按下按钮,或指定时间已到 • <*layout*>:字符串,可能包含如下关键字,后跟等号和数值 ○ BCOLOR:背景色,数值型 ○ FCOLOR:文本颜色 ○ FNAME:字体名 ○ FSIZE:字号(点) ○ FSTYLE:字体类型,可以是如 2 = 粗体、4 = 斜体、8 = 下划线、16 = 删除线的数值组合 ○ LOG:0 = 关闭,1 = 打开。打开或关闭向 WxMsg. Log 文件写入数据。缺省值为关闭
例子	MSGBOX "Hello world!", -5, "BCOLOR = 0xFFFF, FCOLOR = 0x00FF, FNAME = Arial, FSIZE = 24, FSTYLE = 6" 在信息窗口中显示"Hello world!",窗口将持续显示 5 s,除非用户按下 OK 按钮或 Cancel 按钮关闭窗口 窗口布局:文字红色,背景黄色,字体 Arial,字号 24,粗斜体。不写入日志文件

(五) STATUSMSG = <*messagetext*>

说明	将文本赋给变量 LOGMSG,在程序主窗口的标题栏显示,直到下次改变 STATUSMSG 的值
参数	参数 <*messagetext*>为文本内容
例子	STATUSMSG = "Hello world!" 在程序主窗口的标题栏显示"Hello world!"

(六) TEMPMSG = <*messagetext*>

说明	将文本赋给变量 TEMPMSG,创建窗口显示信息,持续指定时间后窗口自动关闭。期间,程序暂停执行 通过选项对话框的"应用程序信息"可以设置信息窗口布局(字体和背景色)及显示时段
参数	参数 <*messagetext*>为信息内容
例子	TEMPMSG = "Hello World!" 在临时窗口中显示信息"Hello world!"

二、键盘输入

(一) DECISIONBOX, <*prompt*> [, <*layout*>]

说明	在信息框中显示文本<*prompt*>，以及 Yes、No 和 Cancel 3 个按钮。程序暂停执行，直到用户按下其中一个按钮
参数	参数<*prompt*>为提示信息 选项<*layout*>定义信息框的布局方式(参见 MSGBOX <*messagetext*> [, <*time*>, <*layout*>])。如果该参数为空，信息框按照缺省方式显示
结果	如果按下 Yes 按钮，返回 1；如果按下 No 按钮，返回 0；如果按下 Cancel 按钮，退出解释程序
错误码	1006：参数非法 1011：必须用于赋值语句 1017：缺少逗号

例子	IF DECISIONBOX, "Please select Yes, No, or Cancel" = 1
	　MSG = "Yes is selected"
	ELSE
	　MSG = "No is selected"
	ENDIF
	信息框中显示提示信息“Please select Yes, No, or Cancel”，根据用户的不同选择，显示另一个对应的信息框

(二) KEYLIST, <*prompt*>, <*list*> [, <*default*>, <*layout*>]

说明	提示用户在列表中做出选择。窗口显示期间程序暂停执行。如果按下 Abort 按钮，可以中止应用程序
参数	<*prompt*>为提示信息 <*list*>为列表内容，每条记录以“\n”结束。可用关键词如下： 　%PRODUCTLIST%——数据库中产品列表 　%LIQUIDLIST%——数据库中溶剂列表 　%RANGELIST%——数据库中量程列表 　%TRIGGERLIST%——数据库中触发条件列表 可选参数<*default*>用来定义窗口打开时预先选定项 可选参数<*layout*>用来定义信息窗口的布局方式(参见 MSGBOX <*messagetext*> [, <*time*>, <*layout*>])。如果该参数为空，信息框按照缺省方式显示
结果	以文本方式返回选择项
错误码	1006：参数非法 1011：必须用于赋值语句 1017：缺少逗号
例子	S1 = KEYLIST, "Please select:", "1. line\n2. line\n3. line" 对话框的选择项中包含 3 条记录 PRODUCT = KEYLIST, "Please select a product:", "%PRODUCTLIST%", PRODUCT 选择项中包含所有产品名称，缺省选项为测量控制程序中的当前测次。如果用户选择 OK 按钮，所选测次将成为传感器控制窗口的当前测次

（三）KEYLISTEX，< *prompt* >，< *list* >，< *filter* >[，< *default* >，< *layout* >]

说明	本函数与 KEYLIST 功能相同，但增加了一个过滤器以减少列表中选项记录
参数	参数 < *filter* > 为常规表达式。其他参数同 KEYLIST
例子	PRODUCT = KEYLISTEX, "Please select a product:", "%PRODUCTLIST%", "^SiC", "PRODUCT 在显示对话框中显示所有以 SiC 开头的产品，缺省选项为传感器控制窗口的当前测次。如果用户按下 OK 按钮，所选项将成为传感器控制窗口的当前测次

（四）KEYNUM，< *prompt* >，< *min. . max* >，< *default* >[，< *layout* >]

说明	在窗口中显示提示信息，接受指定范围内的键盘输入值。窗口显示期间程序暂停运行。按下 Abort 按钮可以中止程序运行
参数	< *prompt* > 为输入窗口的提示信息 可选参数 < *min. . max* > 为可接受数据范围 可选参数 < *default* > 为打开窗口时的预先设定值 可选参数 < *layout* > 为信息框的布局方式（参见 MSGBOX < *messagetext* >[，< *time* >，< *layout* >]）。如果该参数为空，按照缺省布局方式显示
结果	返回键盘输入值
错误码	1006:参数非法 1011:必须用于赋值语句 1014:区间下限值错误 1015:区间上限值错误 1016:区间值必须包含".." 1017:缺少逗号
例子	N1 = KEYNUM, "Please enter a number" MSG = N1 提示用户输入一个数值，然后在另一个窗口中显示该数值 N1 = KEYNUM, "Please enter a number", 1..10 MSG = N1 同上例。但仅接受 1 到 10 之间的数据 N1 = KEYNUM, "Please enter a number", 1..10, 5 同上例。缺省输入值为 5

(五) KEYSTRING, <*prompt*>[, <*default*>, <*layout*>]

说明	在窗口中显示提示信息,接受指定范围内的键盘输入值。窗口显示期间程序暂停运行。按下 Abort 按钮可以中止程序运行
参数	<*prompt*>为输入窗口的提示信息 可选参数<*default*>为打开窗口时的预先设定值 可选参数<*layout*>为信息框的布局方式(参见 MSGBOX <*messagetext*>[, <*time*>, <*layout*>])。如果该参数为空,按照缺省布局方式显示
结果	返回通过键盘输入的字符串
错误码	1011:必须用于赋值语句 1058:在 KEYSTRING 之后缺少逗号 1065:提示信息表达错误
例子	S1 = KEYSTRING, "Please enter a character string:" MSG = S1 提示用户输入一个字符串,然后在另一个窗口中显示该字符串 MSG = KEYSTRING, "Please enter a character string:", "This is the default text" 同上例。但窗口打开时输入区显示初始值

三、文件存取

(一)从文件中输入数据

应用程序可以从文本文件中读取数据。从文件中读取数据的简便方法是使用Windows标准初始化格式。

1. INIREAD, <*address*>[, <*filename*>]

说明	从 Windows 标准初始化文件(.INI)中读入一条记录
参数	第一个参数<*address*>为行标识字符串,包括段标题(通常包含在方括号[ ]内)和行标识,两者之间以斜线("/")或反斜线("\")分开。如果未指定段名,采用缺省值 SETTINGS 第二个参数<*filename*>为.INI 文件名。如果该文件名中未指定目录,采用 WINDOX 应用程序所在目录(通常为 C:\Documents and Settings\All Users\Application Data\Sympatec\WINDOX 5\APPL)作为缺省值。如果该参数为空,采用 WINDOX 应用程序目录下的 appl.ini 作为缺省值
错误码	1061:文件中不存在指定段名或行标识 2526:文件不存在,或无法使用
例子	MSG = INIREAD, "MYSETTINGS\VALUE01", "C:\TEMP\MYWINDOX 5.INI" 从初始化文件 C:\TEMP\MYWINDOX 5.INI 中读取[MYSETTINGS]段 VALUE01 的值,然后在信息窗口中显示 MSG = INIREAD, "MYINIVALUE" 读取初始化文件(WINDOX 应用程序目录下 APPL.INI)[SETTINGS]段 MYINIVALUE 的值,在信息窗口中显示

以下两函数从用户自定义文件中读取数据。利用变量 INFILENAME 定义文件路径，利用 INFILE 函数读取一条记录。

2. INFILENAME

说明	定义输入文件名。文件名改变时，将关闭原文件、打开新文件。如果该参数为空(INFILENAME = "")，将关闭所有打开的文件 如果文件路径不完整，将采用应用程序所在的目录进行补全。不检查文件是否存在、用户是否有读取权限
错误码	对于语句"INFILENAME = . . ." 2525：未指定文件名 对于语句". . . = INFILENAME" 1053：文件名不存在
例子	指定新的输入文件：INFILENAME = "C：\temp\input. txt" 在信息窗口中显示当前输入文件：MSG = INFILENAME

3. INFILE[, <*mode*>]

说明	从文件中读取下一条记录，文件由 INFILENAME = . . . 确定。以空格或换行符作为一条记录结束。首次读取文件时，检查文件是否存在，以及用户是否有存取权限，然后将文件内容存入缓冲区，此后修改文件不影响读取结果，除非利用 INFILENAME = . . . 重新选择该文件 可选参数 <*mode*> 定义记录分隔符 *mode* = 0，记录分隔符为空格 *mode* = 1，记录分隔符为换行符 *mode* = 2，一直读到文件末尾
错误码	1041：到达文件末尾 2525：未指定文件名 2526：文件不存在，或无存取权限
例子	INFILENAME = "C：\temp\input. txt" MSG = INFILE 从输入文件"C：\temp\input. txt"中读取一个词，然后在信息窗口中显示

(二)向文件中写入数据

应用程序可以向文本文件中写入数据。向文件中写入数据的简易方法是使用 Windows标准初始化文件。

1. INIWRITE < *address* >, < *value* > [, < *filename* >]

说明	向 Windows 标准初始化文件(. INI)中写入一条记录值
参数	第一个参数 < *address* > 为行标识字符串,包括段标题(通常包含在方括号[ ]内)和行标识,两者之间以斜线("/")或反斜线("\")分开。如果未指定段名,采用缺省值 SETTINGS 第二个参数 < *value* > 为向文件中写入的数据 第三个参数 < *filename* > 为. INI 文件名。如果该文件名中未指定目录,采用 WINDOX 应用程序所在目录(通常为"C:\Documents and Settings\All Users\Application Data\Sympatec\WINDOX5\APPL")作为缺省值。如果该参数为空,采用 WINDOX 应用程序目录下的 appl. ini作为缺省值
错误码	2526:文件不存在,或无法操作 7013:无法写入指定目录
例子	INIWRITE "MYSETTINGS\VALUE01","9876. 5","C:\TEMP\MYWINDOX 5. INI" 将记录行 VALUE01 = 9876. 5 写入文件"C: \ TEMP \ MYWINDOX 5. INI"的[MYSETTINGS]段,如果原行已存在,将替换原行 INIWRITE "MYINIVALUE","432. 1" 将记录行 MYINIVALUE = 432. 1 写入 WINDOX 应用程序目录下 APPL. INI 文件的[MYSETTINGS]段, 如果原行已存在,将替换原行

以下函数以用户自定义方式创建或输出文件。用 OUTFILENAME 定义文件路径,然后向文件中添加文本行。

2. OUTFILENAME

说明	定义输出文件名称。文件名称改变时,将关闭原文件、打开新文件。如果该参数为空(OUTFILENAME = ""),将关闭所有打开的文件 如果文件路径不完整,将采用应用程序所在的目录进行补全。不检查文件是否存在、用户是否有读取权限
错误码	对于语句"OUTFILENAME = . . . " 2525:未指定文件名 对于语句". . . = OUTFILENAME" 1053:文件名不存在
例子	定义一个新输出文件: OUTFILENAME = "C:\temp\output. txt" 在信息窗口中显示输出文件名:MSG = OUTFILENAME

3. OUTFILE

说明	向文件中写入一行文本,然后关闭该文件。文件由“INFILENAME = …”确定
错误码	2526:文件不存在,或无法操作
例子	OUTFILENAME = "C:\temp\output.txt" OUTFILE = "This is a new line." 向文件“C:\temp\output.txt”中写入一行文本

4. DATAEXPORT [<*directory*>, <*filter*>, <*settings*>]

说明	将图像分析数据以 CSV 格式或 XML 格式输出到文件中。本函数对应于颗粒库(Particle Gallery)的 Store in CSV/XML file(s)命令
参数 <*directory*>	可选参数 <*directory*> 为输出文件目录,缺省为 Application directory。如果颗粒数量超过参数 <*settings*> 设定的范围,将自动创建新输出文件,文件以数字序列命名,例如:20040616_153726_001.xml
参数 <*filter*>	可选参数 <*filter*> 为过滤条件,许多计算量都可以作为过滤条件。例如: IMAGE_NUMBER IMAGE_FREQ　每两个、三个……图像 IMAGE_COPT　范围 0 ~ 1.0 的光密度 DIAMETER_EQPC ...to... DIAMETER_BR_MIN　直径(单位为米) SHAPE_ASPECT_RATIO ...to... SHAPE_SPHERICITY　形状因子 可用比较运算符包括:=, < >, >, > =, <, < =(IMAGE_FREQ 仅可用 = 和 < >) 可以用逻辑运算符 AND 和 OR 创建更复杂的过滤条件。过滤条件表达式中不能用括号。例如: Condition1 AND (Condition2 OR Condition3) 表达式错误,但可替换为: Condition1 AND Condition2 OR Condition1 AND Condition3
参数 <*settings*>	可选参数 <*settings*> 为一字符串,用逗号分隔。基本语法为:*setting* = *value* • OBJECT 指定过滤条件的类型 OBJECT = PARTICLE :选择符合条件的单个颗粒(缺省值) OBJECT = IMAGE :选择符合条件的所有颗粒图像 FORMAT = CSV 或 FORMAT = XML (缺省为 CSV) • ENTRIES = < Wert >　每个文件的最大颗粒数量,范围 1..10000,缺省值为 1000 • IMAGE = 0　无图像,若有图像仅可用 XML 格式 • HEADER = 0　无列标题,若有列标题仅可用 CSV 格式 • SEPARATOR = < character >　列分隔符。可以为字符或十六进制数值(制表符 = 0x09,逗号 = 0x2C,小数点 = 0x2E,缺省值为逗号)。仅可用 CSV 格式

错误码	2526:文件不存在,或无法操作
例子	带颗粒过滤条件的数据输出 DATAEXPORT "C:\TEMP", " << DIAMETER_LEFI >= 0.0005 >> AND << DIAMETER_DIFI >= 1E-6 >> AND << SHAPE_CURL_INDEX >= 0 >> ", "FORMAT = XML, IMAGE = 0" 创建 XML 文件系列,不进行颗粒筛选,每个文件 1000 条颗粒记录 DATAEXPORT "C:\ExportDir", "", "ENTRIES = 100, SEPARATOR = ;, DECIMAL = 0x2E" 创建 CSV 文件系列,每个文件 100 条颗粒记录,带列标题,列分隔符为分号,以逗号作为小数点 带图像过滤条件的数据输出 DATAEXPORT "C:\temp", "", "OBJECT = IMAGE, SEPARATOR = ;, DECIMAL = 0x2C, ENTRIES = 10000" 将所有图像数据保存在目录 C:\temp 下 CSV 文件序列中。列分隔符为分号,以逗号作为小数点。每个文件保存图像记录不超过 10000 个。 DATAEXPORT "C:\temp", " << IMAGE_COPT > 0.01 >> ", "OBJECT = IMAGE, FORMAT = XML" 将所有光密度大于 0.01 的图像保存在 C:\temp 下的 XML 文件系列中

(三)其他文件操作

利用应用程序函数可以创建目录,检查文件或目录是否存在,删除文件或目录。

1. CREATEDIR < *dirname* >

说明	创建目录
参数	参数 < *dirname* > 为目录名。如果所给路径不完整,将用应用程序目录自动补全
错误码	2514:创建目录失败
例子	CREATEDIR "C:\temp" 创建目录"C:\temp" CREATEDIR "temp" 在应用程序目录下创建子目录"temp"

2. DELETEDIR < *dirname* >

说明	删除目录
参数	参数 < *dirname* > 为目录名。如果所给路径不完整,将用应用程序目录自动补全
错误码	1060:删除目录失败 2527:目录不存在,或无法操作
例子	IF DIREXIST "C:\temp" DELETEDIR "C:\temp" ENDIF 如果目录"C:\temp"存在,就删除它

3. DELETEFILE <*filename*>

说明	删除文件
参数	参数<*filename*>为目录名。如果所给路径不完整，将用应用程序目录自动补全
错误码	1036：删除文件失败 2526：文件不存在，或无法操作
例子	IF FILEEXIST "C:\temp\output. txt" DELETEFILE "C:\temp\output. txt" ENDIF 如果文件"C:\temp\output. txt"存在，就删除它

4. DIREXIST <*dirname*>

说明	检查目录是否存在，用户是否有存取权限
参数	参数<*dirname*>为目录名。如果所给路径不完整，将用应用程序目录自动补全
结果	如果目录不存在，或者用户没有存取权限，返回0。否则，返回非0值
错误码	2525：未指定目录名
例子	IF DIREXIST，"C:\temp" MSG = "Directory exists. " ENDIF 如果目录"C:\temp"存在，就显示提示信息

5. FILEEXIST <*filename*>

说明	检查文件是否存在，用户是否有存取权限
参数	参数<*filename*>为文件名。如果所给路径不完整，将用应用程序目录自动补全
结果	如果文件不存在，或者用户没有存取权限，返回0。否则，返回非0值
错误码	2525：未指定文件名
例子	IF FILEEXIST "C:\temp\output. txt" MSG = "File exists. " ENDIF 如果文件"C:\temp\output. txt"存在，就显示提示信息

四、通信端口

应用程序可以通过串行端口、服务器 TCP/IP 端口、客户机 TCP/IP 端口，或 ACPLT/KS 变量进行数据交换。

(一) 串行端口通信

利用变量 SIO1 ~ SIO10 和 SIOTIMEOUT，可以通过串行端口发送或接收数据。利用命令 DEFSIO1 ~ DEFSIO10，可以改变 COM 端口硬件参数。

1. DEFSIO1 ~ DEFSIO10 <*commsettings*>

说明	改变串行端口 COM1 ~ COM10 的参数
参数	字符串 <*commsettings*> 包括以下部分: ● 波特率,例如"baud = 9600" ● 奇偶校验,例如"parity = N" ● 数据位数,例如"data = 8" ● 停止位数,例如"stop = 1"
例子	DEFSIO1 "baud = 1200 parity = N data = 8 stop = 1" 设置 COM1 串口传输协议为:波特率 1200,无校验,数据位数为 8,停止位数为 1

2. SIOTIMEOUT

说明	设置应用程序等待串口信息的秒数,超过该时段显示"communication timeout error"。0 值禁止超时检查功能,程序将无限期等待 在 WINDOX 5.1.2.2 以后的版本中,SIOTIMEOUT 为全局变量,其作用范围包括主程序和所有子程序
错误码	赋值 1057:第二个操作数必须为数值型
例子	SIOTIMEOUT = 0 S1 = " " WHILE S1 < > "OK" S1 = SIO1 ENDWHILE NMES 赋值语句 SIOTIMEOUT = 0,取消串口通信超时检查。在 WHILE 循环中,从串口读取字符串,直至接收到"OK",然后停止接收,开始测量

3. SIO1 ~ SIO10

说明	给变量 SIO1,SIO2,...,SIO10 赋值,向对应串口(COM1,COM2,...,COM10)写入数据。反向赋值语句从对应串口读取数据。设置选项 ETX-Byte,可以在字符串尾部添加回车符(0x0d)和换行符(0x0a) 在接收串口数据前,可以通过变量 SIOTIMEOUT 设置最大等待超时秒数。字符串结束标志为回车和换行符。每个输入行最多 255 个字符
错误码	2303:设备未打开 2306:通信端口设置参数非法 2307:硬件初始化失败 2308:关闭队列缓冲器出现错误 2309:从串口读数据出现错误 2314:接收器超时 2315:接收行太长

例子	在下列例子中，需要将当前测次的 Q3(55 μm)值转换为电流值(0 ~ 999 mA)，然后通过 COM1 端口发送到 SPC，以模拟颗粒大小。SPC 命令必须以"#A"打头，后跟一个 3 位数，代表 Q3(55 μm)的安培值
	N1 = JOURNAL, "@ Qi. (55,3)"
	N1 = N1 * 9.99
	S1 = TRUNC, N1
	N2 = STRLEN, S1
	WHILE N2 < 3
	  S1 = "0" + S1
	  N2 = N2 + 1
	ENDWHILE
	S1 = "#A" + S1
	SIO1 = S1
	利用 JOURNAL 函数计算 Q3(55 μm)百分数。将百分数(0..100)转换为电流(0...999)，取整，补 0 使其成为 3 位数。然后，在 3 位数前插入"#A"，最后写入 COM1

(二)服务器 TCP/IP 端口通信

利用变量 TCPIP 可以作为服务器发送或接收 TCP/IP 端口数据。然而，这种通信方式只有在 WINDOX 处于 TCP/IP 远程控制模式下才可用。可以在选项对话框中设置对方 IP 地址范围和 IP 端口号。当客户机连接到本服务器时，即可进行数据传输。

TCPIP

说明	通过给变量 TCPIP 赋值，可以向 TCP/IP 端口写入数据。反向赋值则从该端口读取数据。设置选项 ETX-Byte，可以在字符串尾部添加回车符(0x0d)和换行符(0x0a) 在接收串口数据前，可以通过变量 SIOTIMEOUT 设置最大等待超时秒数。字符串结束标识为回车和换行符
错误码	2620：初始化 ServerSocket 失败 2621：创建 ServerSocket 失败 2622：没有可用的远程连接 2623：向端口写操作期间出现错误 2624：从端口读取数据期间出现错误 2626：从端口读数据超时

例子	通过 TCP/IP 连接，远程计算机利用 CALL 语句执行应用程序的 MAIN 模块，启动测量过程，并将测得的平均粒径 X_{50} 传回远程计算机
	MAIN
	  NMES
	  TCPIP = JOURNAL, "@ xi. (50,3)"
	END

(三)客户机 TCP/IP 端口通信

利用本节的函数，客户机可以通过 TCP/IP 端口发送或接收数据。

1. TCPCONNECT <*server*>, <*port*>

说明	和 TCP/IP 服务器建立连接。参数 *server* 为服务器名,*port* 为端口号
例子	TCPCONNECT "myserver",1

2. TCPDISCONNECT

说明	关闭现有 TCP/IP 连接
例子	TCPDISCONNECT

3. TCPWRITE <*message*>

说明	将字符串发送到 TCP/IP 服务器。连接应已建立
例子	TCPWRITE "This is a message via TCP/IP."

4. TCPREAD

说明	从 TCP/IP 接收字符串,连接必须已建立。字符串最多字符数为 255,以回车(Hexa 0D)或换行符(Hexa 0A)结束
例子	S1 = TCPREAD

(四)利用 ACPLT/KS 变量通信

WINDOX ACPLT/KS 服务器程序提供了 10 个字符串变量 value01,…,value10 用于服务器和客户机通信。

1. ACPLTWRITE, <*resource locator*>, <*value*>, <*state*>

说明	为 WINDOX ACPLT/KS 服务器程序的一个变量赋值
参数	参数 <*resource locator*> 为写入变量的路径,其语法为://<主机名称>/<服务器名称>/<变量名称> 参数 <*value*> 为写入的数据,其类型必须正确(字符串、整数或浮点数)。可选参数 <*state*> 为变量状态。如果该参数为空,变量参数为原设值
错误码	17:变量名或变量路径拼写错误 33:WINDOX ACPLT/KS 服务器可能出现故障 4097:资源定位器非法。URL 语法错误,例如缺少开头的"//"符

例子	通过 ACPLT/KS 连接,远程计算机(ACPLT 客户机)调用应用程序的 MAIN 模块,将字符串"starting measurement"写入变量 value05,然后开始测量
	MAIN
	    ACPLTWRITE "//localhost/sympatec/control/value05","starting measurement"
	  NMES
	END

2. ACPLTREAD, < *resource locator* >

说明	读取 WINDOX ACPLT/KS 服务器程序的一个变量
参数	参数 < *resource locator* > 为写入变量的路径,其语法为: // < 主机名 >/ < 服务器名 >/ < 变量名 >
结果	返回路径变量的当前值
错误码	17:变量名或变量路径拼写错误 33:WINDOX ACPLT/KS 服务器可能出现故障 4097:资源定位器非法。URL 语法错误,例如缺少开头的"//"符

例子	通过 ACPLT/KS 连接,远程计算机(ACPLT 客户机)调用应用程序的 MAIN 模块,反复读取变量 value05 的值,直至收到"GO",然后开始测量
	MAIN
	  REPEAT
	    S1 = ACPLTREAD, " //localhost/sympatec/control/value05"
	  UNTIL S1 = "GO"
	  NMES
	END

3. ACPLTSTATE

说明	获取最近使用的 ACPLT/KS web 变量状态
结果	返回结果为下列值之一 0:不可用 1:未知 2:差 3:可疑 4:良好
错误码	17:变量名或变量路径拼写错误 33:WINDOX ACPLT/KS 服务器可能出现故障 4097:资源定位器非法。URL 语法错误,例如缺少开头的"//"符

例子	MAIN
	  S1 = ACPLTREAD " //localhost/sympatec/control/value05"
	  N1 = ACPLTSTATE
	  IF N1 = 4 // if value05 is "good"
	    ... do something
	  ENDIF
	END

4. ACPLTTIME

说明	返回最近使用的 ACPLT/KS web 变量的修改时间
结果	返回最近使用的变量的修改时间,返回的十进制数为日期、时间的内部储存值。可以用函数 DTSTRING 转换为可读字符串
错误码	17:变量名或变量路径拼写错误 33:WINDOX ACPLT/KS 服务器可能出现故障 4097:资源定位器非法。URL 语法错误,例如缺少开头的"//"符

例子	MAIN
	  ...
	  N1 = ACPLTTIME // get the internal date-time code
	  MSG = DTSTRING,N1 // display the human-readable date & time
	END
	程序读取变量修改的时间值,得到一个十进制数,如 37525.7507986111,赋给 N1,然后转换为可读方式"2002/09/26 18:01:09"并显示

五、多媒体函数

应用程序可以播放 AVI 和 WAV 多媒体文件。

(一)AVI = <*filename*>

说明	播放 AVI 文件。应用程序挂起,直到播放结束
参数	参数 <*filename*>为 AVI 文件名,必须带全路径
错误码	1042:无法播放多媒体文件
例子	AVI = "C:\WINNT\clock. avi" 如果文件存在,就播放

(二)WAV = <*filename*>

说明	播放 WAV 文件。应用程序挂起,直到播放结束
参数	参数 <*filename*>为 WAV 文件名,必须带全路径
错误码	1042:无法播放多媒体文件
例子	WAV = "C:\WINNT\Media\notify. wav" 如果文件存在,就播放

第四节　测量及计算函数

WINDOX 应用程序主要用来切换测量参数、启动测量,或从数据库中调取测量数据,生成报表。分为:

- 测量设置;
- 设备控制;
- 数据库操作;

• 输出测量结果。

一、测量设置

(一) COMMENT

说明	读取/改写测量控制程序的说明信息。如果说明信息有多行,用“\n”分隔
例子	COMMENT = "...first line...\n...second line..." 向测量控制程序的注释区写入两行文本

(二) DEFUSERPARn < *type* > , < *name* > , < *unit* > , < *increment* >

说明	可以利用 10 个不同的语句(DEFUSERPAR1...DEFUSERPAR10)定义用户自定义参数
参数	语句的参数对应于“用户参数设置”对话框的不同记录: • < type > :0 = 文本,1 = 数值,2 = 日期/时间 • < name > :最多可以 40 个字符 • < unit > :测量单位,可选。数值型 • < increment > :0 = 关闭,1 = 打开
例子	DEFUSERPAR4 1,"environmental pressure","bar",0 第 4 个用户参数设置为:数值型,值为“environmental pressure”,单位为 bar[1],无增量

(三) LIQUID

说明	设置或读取溶剂名
错误码	1046:解译命令 LIQUID: 溶剂名非法:...
例子	LIQUID = "water" 将 OPUS 或 NANOPHOX 测量控制程序的溶剂名设置为“water”

(四) P1 ~ P10

说明	通过变量 P1 ~ P10,可以设置或读取测量控制程序的 10 个用户自定义参数 如果参数为数值型,将一个字符串赋给该参数时,字符串必须符合数值格式;如果参数为日期/时间类型,可以用函数 DTSTRING 将其转换为可读格式。字符串长度不能超过 40
错误码	1043:字符串参量太长
例子	P1 = "100.5" 将数值 100.5 赋给第一个参数

(五) PRODUCT

说明	设置或读取测量控制程序的样品名称
错误码	1045:解译命令 PRODUCT:产品名非法:...
例子	PRODUCT = "SIC - P600" 设置测量控制程序的产品名为“SIC - P600”

---

[1] 1 bar = 10^5 Pa,下同。

（六）RANGE

说明	设置或读取测量控制程序的量程
错误码	1047：解译命令 RANGE：所选量程非法：... 213～217：设置量程失败时可能出现的所有错误
例子	MSG = RANGE 显示当前测次的量程

（七）TRIGGER

说明	设置或读取测量控制程序的触发条件
错误码	1048：解译命令 TRIGGER：触发器名称非法：...
例子	TRIGGER = "20s2.00% COpt" 触发条件设置为"20s2.00% COpt"

二、传感器控制

（一）ALIGN

说明	传感器自动调整（自动对焦）

（二）GAPWIDTH

说明	设置或读取 OPUS 间隙宽度，单位为 mm
错误码	1057：第二个操作数必须为数值 2254：传动错误
例子	N1 = GAPWIDTH N1 = N1 + 1 GAPWIDTH = N1 将 OPUS 间隙宽度增加 1 mm

（三）GETSOS

说明	获取 OPUS 测量区的声速，单位为 m/s
错误码	2254：传动错误
例子	MSG = GETSOS 测取 OPUS 测量区声速并显示

（四）NMES[，< *PurgeData* >]

说明	开始常规测量
参数	仅 QICPIC/PICTIS/PICTOS 需要设置该参数
错误码	2124：没有测到数据 2128：所选频道信号无效 2214：分散系统未就绪常规测量 2246：找不到有效背景测量 2254：传动错误 2546：背景测量过期 2607：HELOS/MYTIS/MYTOS/OPUS 传感器未初始化
例子	ERRORMODE = 2 NMES IF ERRORNUMBER < > 0 MSG = " Normal measurement not possible ! " ENDIF 开始常规测量。如果无法测量，显示提示信息

（五）RMES

说明	开始背景测量
错误码	2213：分散系统未就绪背景测量 2241：未指定触发器名称，无法开始测量 2254：传动错误 2607：HELOS/MYTIS/MYTOS/OPUS 传感器未初始化
例子	ERRORMODE = 2 RMES IF ERRORNUMBER < > 0 MSG = " Reference measurement not possible" ENDIF 开始背景测量。如果无法测量，显示提示信息

三、数据库操作

应用程序可以从数据库中调取测量数据。此外，还可以对用户参数和注释进行修改，然后用 STOREMINFO 保存。

（一）测次选择

1. COUNTMEAS

说明	数据库中符合当前过滤条件的测次数
例子	IF COUNTMEAS > 100000 msg = " Attention, large database ! " ENDIF 如果可用测次数大于 100000，就显示警告信息

2. DBFILTER <*filter definition*>

说明	设置数据库过滤条件,等效于在“数据库过滤对话框”中设置 Active Filter 的值 通过这种方式,可以在测量控制程序中仅显示指定内容。此后,数据库操作仅对过滤后的记录有效
例子	DBFILTER "△ <<RANGE = R3>> AND <<DISPERSER = RODOS>>" 设置过滤条件为:量程 = R3,而且,分散系统 = RODOS

3. FIRSTPKEY

说明	调取数据库中首条记录
错误码	2551:无测量记录
例子	FIRSTPKEY MSG = JOURNAL,"X50 = @ xi. (50,3)" 调取数据库首条记录,计算该测次粒径分布的中数粒径,并显示

4. LASTPKEY

说明	调取数据库中末条记录
错误码	2551:无测量记录
例子	LASTPKEY MSG = JOURNAL,"X50 = @ xi. (50,3)" 调取数据库末条记录,计算该测次粒径分布的中数粒径,并显示

5. NEXTPKEY

说明	调取数据库中下一条记录。如果当前记录不存在,就调取首条记录
错误码	2551:无测量记录 2553:已达测量列表末尾

例子	FIRSTPKEY
	S1 = JOURNAL,"@ xi. (50,3)"
	N1 = 1
	WHILE N1 < 3
	   NEXTPKEY
	   S2 = JOURNAL,"@ xi. (50,3)"
	   S1 = S1 + S2
	   N1 = N1 + 1
	ENDWHILE
	MSG = S1
	计算前 3 个测次粒径分布的中数粒径,并显示系列结果

6. PKEY

说明	一般用于赋值语句右端,调取当前测次的主键。如果当前测次不存在,返回空字符串
例子	MSG = PKEY 显示当前测次的日期-时间及设备系列号

7. PREVPKEY

说明	调取数据库中前一条记录。如果当前测次不存在,调取最后一条记录
错误码	2551:无测量记录 2552:已达测量列表顶部

例子	LASTPKEY
	S1 = JOURNAL,"@ xi.(50,3)"
	N1 = 1
	WHILE N1 < 3
	  PREVPKEY
	  S2 = JOURNAL,"@ xi.(50,3)"
	  S1 = S1 + S2
	  N1 = N1 + 1
	ENDWHILE
	MSG = S1
	计算最后 3 个测次粒径分布的中数粒径,并显示系列结果

8. SETPKEY <*primary key*>

说明	调取数据库中主键(日期-时间、设备系列号)对应的测次作为当前测次。如果对应测次不存在,显示错误信息
错误码	2107:数据库错误——主键不存在 6520:该测次不符合过滤条件

例子	例子 1:
	SETPKEY "2000-06-14 08:45:31.6800 H0120"
	从数据库中调取指定日期-时间、设备序列号对应的测次
	例子 2:
	LASTPKEY // 调取最后一条记录
	S1 = PKEY // 将主键保存在变量 S1
	...
	NMES // 开始其他测次
	NMES
	...
	SETPKEY S1 // 调取先前保存的测次
	上列程序段将主键保存到变量 S1 作为书签,完成其他测量任务,例如计算最新测次结果,然后重新调取原测次

(二)保存后续修改

STOREMINFO

说明	如果当前测次存在,针对该测次的用户参数、注释所做的修改,可以用 STOREMINFO 保存到数据库中
例子	LASTPKEY P1 = JOURNAL,"@ xi.(50,3)" STOREMINFO 将最后一条测量记录的中数粒径保存到用户变量 P1,然后将该次修改保存到数据库中

（三）删除某一测次

DELMEAS < *primary key* >

说明	从数据库中删除主键对应的测次。可以用来删除不合格的测量记录
例子	DELMEAS PKEY 删除当前测次

四、输出测量结果

（一）CALC[, < *measurement* >][, < *output* >]

说明	开始计算并输出结果。输出格式和内容可以利用语句 DTEMPLATE、PTEMPLATE 等进行控制
参数	可选参数 < *measurement* > 为测次主键（日期 - 时间、设备序列号）。如果该参数为空，计算当前测次 可选测次 < *output* > 用来标识该测次是仅进行计算，还是计算并输出。缺省值为"计算并输出"（ < *output* > =0）。 < *output* > =1 表示"仅进行计算"，如果计算耗时较长，利用该选项可以提高计算速度
错误码	2264：当前测次不存在，无法输出 2500：. . . 粗颗粒超出量程！ 2561：HELOS 内部计算错误：. . . 2562：信号质量差，计算失败 2563：OPUS 内部计算错误：. . .

例子	运行本例前，请首先取消测量控制程序"计算与输出"页面的所有输出选项，并确认报表编辑器中没有选择分散系统模板
	
	计算并输出测量序列
	DTEMPLATE = " Report_01 "
	LASTPKEY
	N1 = 0
	WHILE N1 < 3
	  CALC
	  PREVPKEY
	  N1 = N1 + 1
	ENDWHILE
	选择通用模板 Report_01 作为显示模板。对计算数据库中最后 3 个测次进行计算并输出
	
	计算某一测次，但不输出
	CALC, "2006 - 02 - 22 13:20:12.1230 0123 Q" ,1
	计算主键对应的 QICPIC/PICTIS/PICTOS 测次，但不输出
	
	CALC, " " ,1
	计算当前测次，但不输出

（二）CALCAFTERMEAS <*on*>

说明	激活或取消测量控制程序"计算与输出"页面的"测量结束后立即计算"选项
参数	<*on*>=1 表示激活，<*on*>=0 表示取消
例子	CALCAFTERMEAS 1 每次测量结束后立即开始计算

（三）DTEMPLATE = <*templatename*>选择显示模板
PTEMPLATE = <*templatename*>选择打印模板
QTTEMPLATE = <*templatename*>选择趋势图显示模板
QXTEMPLATE = <*templatename*>选择分布图显示模板

说明	设置显示、打印、趋势图和分布图模板，用于后续输出。如果参数为空，无法生成报表
参数	参数<*templatename*>为报表模板名
错误码	1031：缺少等号（"="） 7015：报表名称错误
例子	DTEMPLATE = "STANDARD" 选择通用模板 *STANDARD* 作为显示模板 PTEMPLATE = "" 禁止测量控制程序打印报表 QTTEMPLATE = "3x_copt" 选择 *3x_copt* 作为趋势线显示模板 QXTEMPLATE = "standard" 选择 *standard* 作为分布图模板

（四）JOURNAL，<*template*> 或 REPORT，<*template*>

说明	输出当前测次报告文本
参数	参数<*template*>为报告模板名称 如果不含有字符"@"，<*template*>为一般模板名。如果含有字符"@"，<*template*>为报表内容。如果报表内容中含有双括号，必须用单括号替代
结果	以字符串方式返回报告内容。与显示或打印的报表不同（RichText 格式），除行结构外，字符串无其他格式符
错误码	1011：表达式非法 1076：JOURNAL 或 REPORT 后面参数非法 2264：当前测次不存在 7014：无法存取文件"..."
例子	例子 1： S1 = REPORT，"STANDARD" 按照模板"STANDARD"生成当前测次报告，并赋给字符串变量 S1 例子 2： MSG = REPORT，"X50 = @xi.(50,3,'1.2f'),1" 按照模板内容生成报告。显示当前测次粒径分布的中数粒径值

（五）STATCALC ，< *keylist* >

说明	开始统计计算并输出。输出格式和内容可通过 STATTEMPLATE、STATTEMPLATE 等进行设置
参数	参数 < *keylist* > 为参加统计计算的各测次主键，以“\n”分隔
错误码	2500：... 粗砂部分超出量程 2562：信号质量差，导致计算失败 2563：OPUS 内部计算错误：...
例子	运行下例前，请首先取消测量控制程序“计算与输出”页面的所有选项，并取消报告编辑器中所有分散系统模板 DTEMPLATE = "Statistics" STATCALC,"2004-04-14 16:59:25.8360 1004 H\n2004-04-14 17:00:01.1480 1004 H" 选择通用模板 *statistics* 作为显示模板，对指定的两个测次进行统计计算，并输出结果

（六）STATDTEMPLATE = < *templatename* > 选择统计输出的显示模板
STATPTEMPLATE = < *templatename* > 选择统计输出的打印模板
STATQXTEMPLATE = < *templatename* > 选择统计输出的分布图模板

说明	选择统计输出的各个模板。如果模板名为空，禁止统计输出
参数	参数 < *templatename* > 为报告或图表模板
错误码	1031：缺少等号（“ = ”） 7015：模板主键错误
例子	STATDTEMPLATE = "Statistics_Q3" 选择通用模板 *Statistics_Q3* 作为统计显示模板 STATPTEMPLATE = "Statistics_Q3" 选择通用模板 *Statistics_Q3* 作为统计打印模板 STATPTEMPLATE = "" 禁止测量控制程序打印统计报告 STATQXTEMPLATE = "Statistics" 选择模板 *statistics* 作为分布图模板

（七）STATREPORT，< *template* > ，< *keylist* >

说明	以字符串方式返回统计报告
参数	参数 < *template* > 为报告模板名或内容 如果不含有字符“@”，< *template* > 为一般模板名。如果含有字符“@”，< *template* > 为报表内容。如果报表内容中含有双括号，必须用单括号替代 参数 < *keylist* > 为参加统计计算的各测次主键，以“\n”分隔
结果	以字符串方式返回报告内容。与显示或打印的报表不同（RichText 格式），除行结构外，字符串中不包含其他格式符

错误码	1011:表达式非法 1076:JOURNAL 或 REPORT 后面参数非法 2264:当前测次不存在 7014:无法存取文件"..."
例子	(1)S1 = STATREPORT,"@xi.(50,3)","2004-04-14 16:59:25.8360 1004 H\n2004-04-14 17:00:01.1480 1004 H" 统计指定的两个测次中数粒径的均值,赋给字符串变量 S1

第五节　程序流程控制

WINDOX 应用程序流程控制包括:

- 功能模块;
- 子程序;
- 分支;
- 循环;
- 暂停;
- 错误处理。

一、功能模块

所有应用程序语句都必须放在功能块中。标准功能块有 5 种,开始语句分别为:INITIALIZATION、MEASUREMENT、REFERENCE、TERMINATION 和 MAIN,结束语句为 END。

一般情况下,每个功能模块只执行一次。各模块先后顺序任意。如果某个模块不存在,利用其缺省值。

(一)执行功能模块

应用程序被装载时,首先自动执行 INITIALIZATION 模块。利用传感器控制窗口工具栏的对应按钮,可以执行其他的标准模块。

然而,在利用应用编辑器进行程序开发和测试阶段,包括 INITIALIZATION 模块,所有标准模块都可以利用按钮直接调用。通过应用编辑器选项,可以设置当装载应用程序时,是否自动执行 INITIALIZATION 模块。

利用 CALL 语句,可以调用本程序或其他程序的功能模块。

(二)标准功能模块

```
INITIALIZATION
  <statements>
END
```

说明	当从测量控制程序主窗口中载入应用程序时,INITIALIZATION 模块中语句将自动执行。通常情况下,该模块用于设置传感器控制窗口参数,例如 PRODUCT = ...
缺省	缺省情况下,本模块为空

```
MAIN
  <statements>
END
```

说明	利用测量控制程序主窗口或程序编辑器的按钮,可以执行 MAIN 功能模块。本模块通常作为子程序调用
缺省	缺省情况下,本模块为空

```
MEASUREMENT
  <statements>
END
```

说明	利用测量控制程序主窗口或程序编辑器的按钮可以执行 MEASUREMENT 功能模块。缺省情况下,本模块仅包含 NMES 语句,用于启动常规测量
缺省	MEASUREMENT NMES END

```
REFERENCE
  <statements>
END
```

说明	利用测量控制程序主窗口或程序编辑器的按钮,可以执行 REFERENCE 功能模块。缺省情况下,本模块仅包含 RMES 语句,用于启动背景测量
缺省	REFERENCE RMES END

```
TERMINATION
  <statements>
END
```

说明	利用测量控制程序主窗口或程序编辑器的按钮,可以执行 TERMINATION 功能模块。缺省情况下,本模块仅包含 DSYSSTOP 语句,用于关闭分散系统
缺省	TERMINATION DSYSSTOP END

二、调用子程序

(一)调用应用程序或功能模块

利用 CALL 语句,应用程序可以调用其他一些程序,并向被调用程序传递多达 10 个参数。被调用程序可以通过 RETURN 语句向调用程序返回一个数值。

1. CALL <*program name*>, <*function block*>, <*parameter*1>,..., <*parameter*10>

说明	用来调用本程序的其他功能模块,或者另一个程序 当调用本程序的模块时,忽略参数<*program name*>和<*parameter*1>,...,<*parameter*10>。需要注意的是,不能调用本程序的 MAIN 模块 当调用另一个应用程序时,参数<*program name*>的值必须明确,如果未明确参数<*function block*>,调用缺省模块 MAIN。<*parameter*1>,...,<*parameter*10>为可选参数 不能调用自身模块(递归调用)
参数	参数<*program name*>为被调用程序名。当调用本程序的功能模块时,本参数省略 参数<*function block*>为本程序或另一个程序的模块名。如果该参数未明确,缺省为 MAIN <*parameter*1>,...,<*parameter*10>对应于被调用程序的参数%1~%10,仅用于调用另一个应用程序
返回值	如果用 CALL 语句调用另一个应用程序,被调用程序可以用 RETURN 语句返回一个数值。调用本程序的功能模块则不能返回值
错误码	1002:递归调用 NITIALIZATION、REFERENCE、MEASUREMENT 或 TERMINATION 1012:CALL 表达式非法 1013:CALL 参数过多 1053:子程序不返回所需的数值 7014:无法存取文件"..."
例子	CALL MEASUREMENT 调用本程序的测量模块 CALL "x50Test" 调用另一个应用程序"x50Test"的 MAIN 模块 S1 = CALL "x50Test",MAIN,"testing","x50" 调用另一个应用程序"x50Test"的 MAIN 模块向其传递两个参数,将子程序返回的值赋给字符串变量 S1

2. %1~%10

说明	利用语句 CALL 调用另一个应用程序时,可以传递多达 10 个参数,这些参数对应传递给子程序的变量%1~%10。这 10 个变量为只读型
错误码	1011:子程序不能改变所传递参数值 1057:...:操作数未初始化
例子	MSG = %1 + %2 显示前两个参数值

3. ABORT

说明	停止执行应用程序。与 EXIT 不同,整个程序完全停止
例子	N1 = JOURNAL,"@ xi. (50,3)" IF N1 > 150.0 ABORT ENDIF 上述语句位于子程序中。如果计算的中数粒径大于 150,程序完全停止执行

4. EXIT

说明	停止执行应用程序单元。如果用于子程序中,将停止执行子程序,将控制权返回主程序
例子	N1 = JOURNAL,"@ xi. (50,3)" IF N1 > 150.0 EXIT ENDIF 上述语句位于子程序中。如果计算的中数粒径大于 150,子程序执行结束,主程序继续执行下一条语句

5. RETURN < *returnvalue* >

说明	子程序结束,主程序继续执行下一条语句。如果明确 < *returnvalue* > 的值,该数值将传递给主程序
参数	参数 < *returnvalue* > 为传递调用程序的值
错误码	1006:参数非法 1011:表达式非法
例子	N1 = JOURNAL,"@ xi. (50,3)" IF N1 > 150.0 RETURN "Product too coarse" ENDIF RETURN "Product ok" 上述语句位于子程序中。如果计算的中数粒径大于 150,向调用程序返回字符串"Product too coarse",否则,返回"Product ok"。子程序执行结束,主程序继续执行下一条语句

(二)调用外部程序

EXECUTE < *externalapplication* >

说明	执行 MS-Windows 程序。应用程序暂停执行,直到外部程序执行完毕
参数	参数 < *externalapplication* > 为外部应用程序路径,包括可选命令行参数
结果	返回被调用程序的执行结果。如果被调用程序正常结束,返回 0

错误码	1006:参数非法 2565:发生 OS 错误#. . . , . . . 。可执行外部程序不存在
例子	LASTPKEY OUTFILENAME = " C:\temp\output. txt" OUTFILE = JOURNAL," @ xi. (50,3)" N1 = EXECUTE " notepad. exe C:\temp\output. txt" 调取数据库中最后一个测次,计算其中数粒径,添加到文本文件“C:\temp\output. txt”中,然后在记事本中打开该文件

三、分支

```
IF < logical expression >
   < statement1 >
ELSE
   < statement2 >
ENDIF
```

说明	如果 < *logical expression* > 为真,执行 IF 下一条语句;否则,执行 ELSE 下一条语句;ENDIF 结束分支结构 < *logical expression* > 可能包含数据范围,如 *value* = 最小值. . 最大值,或者 *value* < > 最小值. . 最大值
错误码	1015:最大值错误 1020:ELSE 和 IF 不对应 1021:最后一个 IF 对应的 ELSE 太多 1022:ENDIF 太多 1023:无 ENDIF 1029:ELSE 位置错误 1030:循环体中丢失 ENDIF

例子	N1 = KEYNUM," Please enter a number:"
	IF N1 = 1. . 100
	  MSG = " The number is in the range of 1 to 100. "
	ELSE
	  MSG = " The number exceeds the range of 1 to 100. "
	ENDIF
	通过键盘输入一个数值,如果该数值位于 1 ~ 100 区间之内,执行 IF 下一条语句,否则,执行 ELSE 下一条语句,显示提示信息
	
	N1 = KEYNUM," Please enter a number:"
	IF N1 < > 1. . 100
	  MSG = " The number is out of the range of 1 to 100. "
	ELSE
	  MSG = " The number is in the range of 1 to 100. "
	ENDIF
	通过键盘输入一个数值,如果该数值位于 1 ~ 100 区间之外,执行 IF 下一条语句,否则,执行 ELSE 下一条语句,显示提示信息

四、循环

```
WHILE <logical expression>
    <statements>
ENDWHILE
```

说明	只要条件 <*logical expression*> 成立,重复执行 <*statements*>。如果条件一开始就不成立,直接执行 ENDWHILE 下一条语句
错误码	1024:缺少 ENDWHILE 1026:ENDWHILE 太多 1027:ENDWHILE 位于 REPEAT 循环内,缺少 WHILE

例子	N1 = 0
	WHILE N1 < 10
	  N1 = N1 + 1
	  S1 = N1
	  MSG = " Message #" + S1
	ENDWHILE
	一个接一个,显示 10 个信息窗口。如果第一条语句改为"N1 = 10",不显示任何信息窗口

```
REPEAT
    <statements>
UNTIL <logical expression>
```

说明	只要逻辑表达式 <*logical expression*> 为真(非 0),就重复执行 REPEAT 至 UNTIL 之间语句段 <*statements*>。语句段至少执行一次
错误码	1018:UNTIL 前缺少 REPEAT 1025:缺少 UNTIL

例子	N1 = 0
	REPEAT
	  N1 = N1 + 1
	  S1 = N1
	  MSG = " Message #" + S1
	UNTIL N1 < 10
	一个接一个,显示 10 个信息窗口。如果第一条语句改为 N1 = 10,只显示第一个信息窗口

BREAK	
说明	BREAK 语句可以提前退出循环体。程序接着执行循环体外的下一条语句
错误码	1028:CONTINUE 或 BREAK 位于循环体以外

例子	N1 =0
	REPEAT
	S1 = KEYSTRING,"Please type END to abort the loop:"
	IF S1 = "END"
	BREAK
	ENDIF
	MSG = S1
	UNTIL N1 < > 0
	重复提醒用户输入字符串,然后在信息窗口中显示所输入内容。如果用户输入“END”,循环体结束

CONTINUE	
说明	CONTINUE 语句可以提前开始下一轮循环。程序接着从循环体的第一条语句执行
错误码	1028:CONTINUE 或 BREAK 位于循环体以外

例子	N1 =0
	REPEAT
	S1 = KEYSTRING,"Please type END to abort the loop:"
	IF S1 < > "END"
	CONTINUE
	ENDIF
	MSG = "Abort!"
	N1 =1
	UNTIL N1 < > 0
	重复提醒用户输入字符串。如果用户输入“END”,显示信息“Abort!”,然后退出循环体

五、暂停语句

(一) CLOCKWAIT <*time*>

说明	保持程序流程与实时时钟同步。程序暂时停止,直到下一个时间点(分钟数)。时间段从午夜 00:00 开始计数。即使在单次测量历时不定的情况下,也可以实施定时测量
参数	参数 <*time*> 为整数,表示程序同步的节奏(分钟数)
错误码	1006:参数非法 1007:参数必须为整数
例子	N1 =0 WHILE N1 =0 CLOCKWAIT 15 NMES ENDWHILE 时钟到达 15、30、45 和整点时开始测量

(二) PROCESSEVENTS

<table>
<tr><td>说明</td><td>本语句用于多用户环境下数据库事件处理。例如,通过远程客户端插入新测量记录、删除测量记录、修改数据等
在单用户环境下,本语句无效;在多用户环境下,正在运行的应用程序无法处理数据库事件,因为程序永远不会处于“空闲”状态。这就意味着,数据库视图将“冻结”——一直保持为程序开始时的状态,程序运行期间不能自动识别其他联网计算机实施的测量
程序这样设计的好处是,例如当选择一系列测次进行计算时,可以用 FIRSTPKEY 得到第一条记录,然后用 NEXTPKEY 得到其他所有记录,而不用担心计算期间会插入新的测次
然而,如果应用程序等待其他联网计算机的最新测次,计算并显示测量结果,这就需要经常刷新测量列表。PROCESSEVENTS 可以实现这一需求</td></tr>
<tr><td>例子</td><td>N1 = 0
S1 = " " //字符串变量,用于保存各测次主键
WHILE N1 = 0
  PROCESSEVENTS //模拟“空闲”状态,更新数据库视图
  LASTPKEY //从列表中选择最新测次
  IF PKEY < > S1 //如果新测次与最新计算的测次不一致
    CALC //计算新测次
    S1 = PKEY //保存最新计算测次的主键
  ENDIF
ENDWHILE
首先应确保各测次按照日期 - 时间(主键)排序。然后开始计算每个最新测次,包括在其他联网计算机上实施的测量</td></tr>
</table>

(三) WAIT <*time*>

说明	WAIT 可以使计算机暂停一段时间。不同于 CLOCKWAIT,WAIT 不与实时时钟同步
参数	参数 <*time*> 为延迟的秒数
错误码	1006:参数非法 1007:参数必须为整数
例子	N1 = KEYNUM,"Please enter pause time in seconds:" WAIT N1 MSG = "Pause is over" 提示用户输入程序停顿秒数,然后程序暂停指定时段

六、异常处理

下列情况下可能会造成应用程序异常:

- 用户交互(用户决定中止程序运行),或者

- 程序执行期间出现错误。

(一)用户停止

缺省情况下,用户停止(例如,按下 <ESC> 键或对话框 Abort 按钮)会立即中断应用程序执行。然而,如果还要进行一些必要的操作,例如控制设备关机或显示用户确认信息,这就需要编写处理程序,赋给系统变量 ONUSERBREAK。

ONUSERBREAK

说明	设置或读取用户停止时的处理程序 将应用程序赋给 ONUSERBREAK,如果用户停止时自动调用该程序 ONUSERBREAK 对所有应用实例都有效,包括主程序和它的所有子程序 用户停止时,通过两个参数调用处理程序 • %1: 应用程序名,以及 • %2: 模块名 (例如,%1: MyApplication;%2: MAIN) 通过处理程序的返回值可以改变用户停止的效果: • 返回 0:用户停止被忽略。无论如何,用户停止时,当前执行的语句都被中断,但无法从中断点继续执行 • 返回其他值:用户停止被接受 如果在异常处理程序执行期间再次发生用户停止,处理程序以及整个应用程序都将停止
例子	(1) ONUSERBREAK = "CheckBreak" 用户停止时,执行应用程序 CheckBreak (2) S1 = ONUSERBREAK 将用户停止处理程序名赋给字符串变量 S1 (3)处理程序 CheckBreak 设计如下: MAIN S1 = %1 S1 = S1 + " - " S1 = S1 + %2 S1 = S1 + "\nDo you really want to abort the program?" N1 = DECISIONBOX, S1 TEMPMSG = "Still in UserBreak handling" RETURN N1 END 显示一条决策选项信息,包括程序名和用户停止时正在执行的模块名。用户可以选择如下 3 个按钮: • Yes (1) : TEMPMSG 执行结束后,解释程序停止 • No (0) : TEMPMSG 执行结束后,解释程序继续执行中断语句的下一条语句 • Abort: 立即中止解释程序,不再处理 TEMPMSG 语句

(二)运行错误

程序语句执行情况保存在状态变量 ERRORNUMBER 中。如果该变量值为 0,表示最近一条语句执行成功;如果为非 0 值,表示发生了错误。

程序运行期间发生错误,缺省情况下会中止程序运行。但是,利用错误处理变量 ERRORMODE可以设置这种情况下应该采取的措施。

1. ERRORMODE

说明	读取或设置程序运行期间的错误处理模式。根据每个二进制位的不同取值,ERRORMODE 取值范围为 0 ~7,计算公式为 $ERRORMODE = b_1 * 1 + b_2 * 2 + b_3 * 4$ 显示标识位 b_1: 0:显示一条错误信息 1:不显示错误信息。忽略 b_2 的值 中断标识位 b_2: 0:中止执行程序,显示错误信息 1:程序执行不中止,将错误信息添加到日志信息中 日志选项位 b_3: 0:错误信息同时添加到日志文件 WXMSGLOG. TXT 中 1:错误信息不添加到日志文件中
例子	ERRORMODE = 2 如果发生错误,在日志窗口中显示错误信息,不中止执行程序

2. ERRORNUMBER

说明	该变量用于检查前一条程序语句执行是否正确。如果 ERRORNUMBER 等于 0,表示语句执行正确;否则,可以根据错误码得到详细解释

例子	ERRORMODE = 2
	PRODUCT = "unknown"
	IF ERRORNUMBER < > 0
	  MSG = "Product does not exist"
	ELSE
	  MSG = "Produkt exists"
	ENDIF
	错误处理模式设置为:发生错误时不中止执行程序。利用 PRODUCT 语句,选择传感器控制窗口的产品名为“unknown”,然后检查 PRODUCT 语句执行情况,利用 MSG 语句显示提示信息

第六节　应用程序编辑器

应用程序编辑器用来开发、测试应用程序。编辑器窗口如图 4.1 所示。

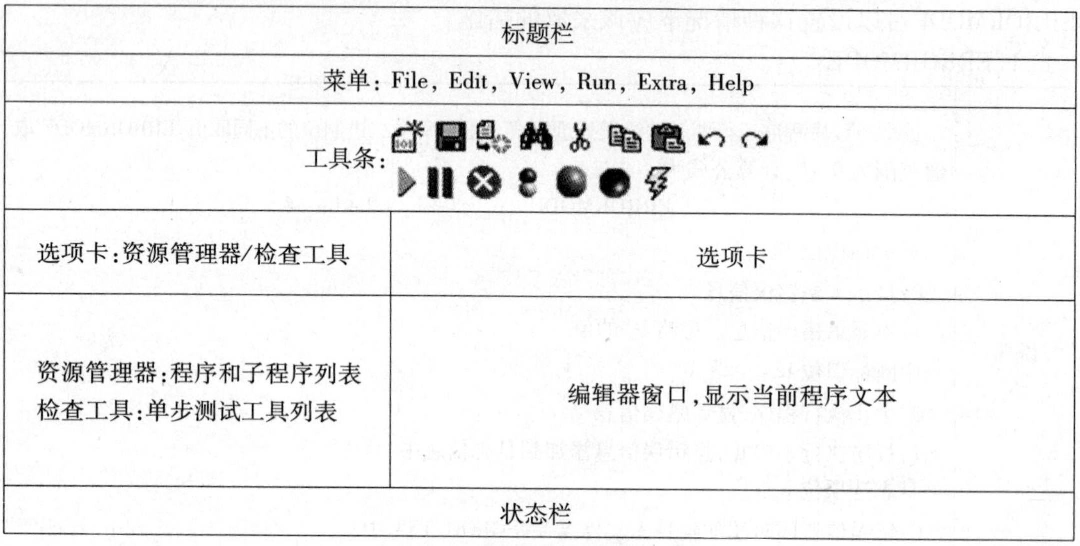

图 4.1　应用程序编辑器窗口

一、菜单项

程序编辑器主菜单包括：文件(File)、编辑(Edit)、视图(View)、运行(Run)、其他(Extra)和帮助(Help)。

(一)文件(File)菜单

New	创建一个程序或子程序
New：Empty page	新建程序不包含任何语句。所有语句都需要通过编辑器输入
New：Standard application	新建程序中含有缺省语句，包括 INITIALISATION、REFERENCE、MEASUREMENT、TERMINATION 和 MAIN 等 5 个功能段。但是，INITIALISATION 段中不包含执行语句
New：Initialized application	与菜单项 Standard application 功能基本相同，但 INITIALISATION 段中含有当前应用软件窗口参数设置语句
Save	以当前程序名保存程序编辑器中文本内容
Save as	将程序编辑器中文本保存为一个新程序。打开对话窗口，输入新程序名
Save all	保存所有已打开的程序
Close	关闭编辑窗口中的当前程序(或子程序)。如果程序内容有改动，显示对话框，请用户确认保存或放弃所做的修改

Close all	与 Close 效果基本相同,但包括所有打开的程序(或子程序)
Delete	提示确认后删除当前所选程序(子程序)
Rename	重新命名当前所选的程序(子程序)
Import	从外部文件中导入应用程序,并存入数据库
Export	将数据库中应用程序导出到外部文件中
Printer setup	打开"打印设置"对话框
Page setup	打开"页面设置"对话框
Print	打开对话窗口,打印当前文件
Exit	关闭程序编辑器。提示确认后,可以保存所做的修改

(二)编辑(Edit)菜单

Undo	取消最近一次所做的修改
Redo	恢复 Undo 取消的修改
Cut	将编辑器中所选文本剪切到剪贴板中
Copy	将编辑器中所选文本复制到剪贴板中
Paste	将剪贴板中内容插入当前位置
Delete	删除编辑器中所选内容
Select all	选择编辑器中所有内容
Find	查找用户自定义的字符串
Find next	查找字符串下一个出现位置
Replace	自动用一个字符串代替另一个字符串
Properties	从对话窗口中输入当前程序属性,作为注释保存。最多 128 个字符

(三)视图(View)菜单

Tool bar	显示/隐藏工具条
Status bar	显示/隐藏状态栏
Refresh	重新绘制当前窗口

(四)运行(Run)菜单

运行菜单用来测试当前应用程序。在调用各选项前,首先应进行保存。

在选项对话框中,可以设置程序执行模式,是单步执行还是连续执行,以及是否自动执行初始化模块。

INITIALISATION	执行 INITIALISATION 模块
REFERENCE	执行 REFERENCE 模块
MEASUREMENT	执行 MEASUREMENT 模块
TERMINATION	执行 TERMINATION 模块
MAIN	执行 MAIN 模块
Execute line	该命令仅可用于单步执行模式或程序暂停以后。程序继续执行
Program pause	该命令仅可用于连续执行模式。程序执行暂停。可以用 Execute line 恢复程序执行,或用 Abort 终止程序执行
Abort	程序中止,不再执行下一条语句。当前语句将尽可能快地停止执行。如果当前语句为一条复杂语句,例如 NMES,设备可能还在继续运转。这种情况下,可以用 TERMINATION 命令停止该设备

(五)其他(Extra)菜单

Report Editor	打开报告编辑器
Template command	打开报告模板命令列表,选择模板命令,插入到程序文本的当前位置。这样,有助于正确使用 REPORT 语句
Message log window	打开消息日志窗口
Options	打开选项对话框,设置应用程序编辑器的选项模式

(六)帮助(Help)菜单

调用联机帮助文档。

二、编辑器窗口

编辑器窗口中显示当前程序(子程序)的源代码。从"语句列表"中可以找到所有 WINDOX 编程语句。

如果 WINDOX 管理员赋予用户"写访问"权限,用户可以修改程序文本。

上下文菜单(鼠标右键)

上下文菜单提供程序文本编辑的如下功能:

保存(Save)	关闭(Close)
撤销(Undo)	重做(Redo)
剪切(Cut)	复制(Copy)
粘贴(Paste)	全选(Select all)
属性(Properties)	

三、程序资源管理器

程序资源管理器以树结构显示应用程序,以便于程序管理。

(一)程序和子程序树

WINDOX 程序和子程序以树结构进行排序,双击可以激活该程序或子程序,该程序内容显示在编辑窗口中,可以进行编辑。

程序和子程序的结构大致相同。唯一的不同是可以通过传感器控制窗口的菜单项“程序/打开”打开程序,而不能通过这种方式打开子程序。子程序不能直接调用,必须在其他程序或子程序中通过 CALL 语句调用。

从 WXA 文件中导入的程序在程序树中自动排列,可以随时通过拖放(或剪切→粘贴)移入子程序数中。

(二)资源管理功能

利用鼠标右键,打开上下文菜单,显示与整个程序有关的所有选项。鼠标当前位置不同,命令的执行效果也有所不同。

1. Cut

从树结构中删除所选程序,保存在剪贴板中(注意,如果鼠标位于编辑器窗口,执行本命令会产生不同效果)。

2. Copy

将所选程序复制到剪贴板中(注意,如果鼠标位于编辑器窗口,执行本命令会产生不同效果)。

3. Paste

将剪贴板中保存的程序插入树结构的当前位置(注意,如果鼠标位于编辑器窗口,执行本命令会产生不同效果)。

四、程序检查工具

程序检查工具用于测试所开发的应用程序。开始运行后,在列表中显示应用程序的所有系统和用户变量的内容。在单步运行模式下,用户可以检查变量内容和预期值是否一致。

五、导入/导出应用程序

从 WINDOX 4.1.3.0 开始,应用程序保存在数据库中。此前版本的应用程序以文本文件方式保存,后缀为 WXA。这种新的管理方式最大的优点是可以避免随意修改程序,包括因粗心或未经授权修改或删除程序。

另一处改进是,将程序和子程序进行了分组。

利用 Export 函数和 Import 函数,可以在不同的 WINDOX 软件之间(包括不同版本之间)进行程序交换。用 Export 将应用程序保存为一个或多个外部文件,然后导入另一个 WINDOX软件,或旧版本软件,直接运行。

外部文件格式包括以下两种:

WXA 格式	纯文本格式,旧版本 WINDOX 软件所用格式
WXI 格式	二进制格式,用于 WINDOX 4.1.3.0 以后的版本,可以保存一个或多个程序(例如,一个程序和它的所有子程序)

(一)导出

1. 步骤 1

从列表中选择程序或子程序。利用选择窗口右边的 3 个按钮可以进行多项选择:

	选择所有程序(子程序)
	取消选择
	选择所选程序调用的所有子程序。当需要把一个程序的所有子程序转移到另一个 WINDOX 中时,本命令非常有用

2. 步骤 2

选择输出文件格式。如果选择 WXI 格式,应输入文件名;如果选择 WXA 格式,仅需输入目录名,WXA 文件名取决于编辑器的资源管理器中的程序名。

(二)导入

可以从 WXI 和 WXA 格式文件中导入应用程序。

WXI 文件中包含了程序属性,是程序,还是子程序。因此,从 WXI 文件中导入的子程序会自动插入到应用程序资源管理器的子程序树中。

从 WXA 文件中导入的程序(包括子程序)统统显示在程序树中,但此后可以很方便地移到子程序树中。

第七节　调用应用程序

可以通过多种途径调用(装载或执行)应用程序:

- 利用测量控制程序的菜单 Application。
- 利用测量控制程序的 Run MAIN 功能。
- 利用应用程序测试控制台。
- 在远程控制模式下,通过 RS232 或 TCP/IP 端口实现。

一、打开和保存应用程序

当调用测量控制程序 Application 菜单下 Open、Save 或 Save As 时,打开一个选择窗口,显示应用程序列表(不包括子程序)。

窗口左边显示数据库中所有应用程序名。窗口右边为应用程序的注释信息,最多可达 128 个字符。

如果用 Save 菜单覆盖保存原有应用程序,不显示选择窗口。

通过这种简单的办法,可以创建和打开标准应用程序。为使应用程序满足用户的特殊要求或者对应用程序进行测试，需要使用程序编辑器来打开和保存应用程序。

通过测量控制程序的按钮，可以执行已打开应用程序的特定模块。

二、运行应用程序

如果没有加载 WINDOX 应用程序，需要打开文件选择对话框，选择 WINDOX 应用程序。然后，加载和初始化该应用程序。

WINDOX 应用程序加载后，即执行 MAIN 功能模块。

三、应用程序测试控制台

通过 Application 菜单下的菜单项 Test Console，或者传感器控制对话框的对应按钮，打开测试控制台。其主要功能包括：

- 测试单条语句；
- 开始或结束远程控制操作。

测试单条语句

通过输入栏（见下图）输入程序语句，然后按下 <Enter> 键或 Execute 按钮确认后，即执行该语句。

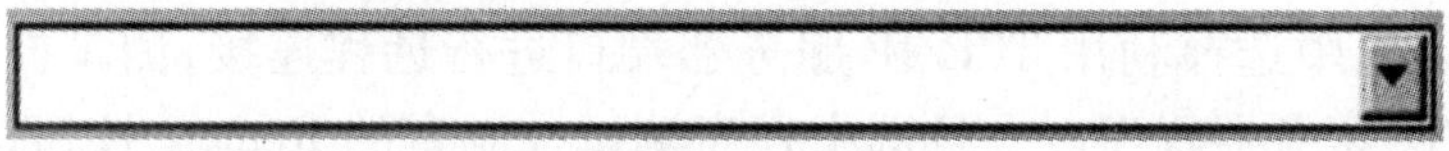

通过这种方式不能执行多行语句（例如 IF... ENDIF、REPEAT... UNTIL 等）。

按下按钮，显示已执行的程序语句列表。可以从中挑选一条语句，再次执行。

控制功能如下：

功能键 <F1>	调取联机帮助文档
Execute	执行出入框中的语句
Abort	中止执行当前程序
Close	关闭测试控制台
Local	切换到本地操作模式，关闭远程连接
Remote	切换到远程操作模式。测量控制程序进入待机状态，等待远程命令。暂停本地操作

四、应用程序远程控制

WINDOX 的所有重要功能都可以远程操作，远程操作基于解释语句，可以立即执行。执行结果或信息可以重新传回远程计算机。

如果程序测试控制台的单选按钮 Remote 被选中，WINDOX 解释程序将切换到远程控制模式。途径包括：

- 串行通信端口（COM1，…，COM10）；

• TCP/IP 服务器端口；

• ACPLT/KS 接口。

在远程控制状态下，除 LOCAL 外，程序测试控制台的其他控制元素都处于禁止状态。此外，远程控制期间，测量控制程序主窗口处于写保护状态，以避免干扰本机或远程操作。

（一）通过串行通信端口建立远程连接

如果已经在选项对话框中选择计算机的一个 COM 端口进行远程连接，只要通信参数一致，将建立与远程计算机的连接，并进入就绪状态。

一旦选中程序测试控制台的 Remote 按钮，系统将发送 RDY <ETX> <cr> <If> 给远程计算机，表示已进入待机状态，准备接收远程命令。

控制符缩写

ETX	字符串结束符，在选项对话框中定义
cr	回车符（ASCII 码：0X0D）
If	换行符（ASCII 码：0X0A）

通过串行端口建立远程连接后，可以通过测量控制程序进行远程测试和操作。

（二）通过 TCP/IP 服务器端口建立远程连接

如果已经在选项对话框中选择利用 TCP/IP 服务器端口进行远程连接，测量控制程序将自动启动简单 TCP/IP 服务器程序。一旦选中程序测试控制台的 Remote 按钮，系统等待客户机 TCP/IP 连接。TCP/IP 连接建立后，发送 RDY <ETX> <cr> <If> 表示已进入待命状态，测量控制程序已准备接收远程命令。

请注意：与通过串口建立远程连接不同，在 TCP/IP 连接建立成功之前，不能发送信息。这也说明，连接建立之前不能执行 TCPIP 命令。

通过 TCP/IP 端口建立远程连接后，可以通过测量控制程序进行远程测试和操作。

（三）通过 ACPLT/KS 端口建立远程连接

如果在选项对话框中选择利用 ACPLT/KS 服务器建立远程连接，在测量所用计算机上运行有 ACPLT/KS 服务程序，一旦选中程序测试控制台的 Remote 按钮，将启动 ACPLT/KS 服务程序。

通过 ACPLT/KS 建立远程连接后，可以通过测量控制程序进行远程测试和操作。

五、通过 COM 或 TCP/IP 端口进行远程控制

（一）初始化测试

利用 MS-Windows 附件中的“超级终端”程序可以对远程控制功能进行简单的测试。步骤如下：

• 打开程序测试控制台。

• 单击单选按钮 Remote。

• 启动超级终端。

  ◦ 如果使用 COM 端口，例如，通过 COM1 建立连接，应确保电缆连接正确，并且两

端传输参数相匹配。

- 如果使用 TCP/IP 端口,例如,主机地址为 Loopback,端口号为 5555,创建 TCP/IP 连接。在 WINDOX 选项对话框中寻找和设置端口号。

- 如果连接没有自动建立,应首先拨号。终端窗口中必须显示 RDY,表示测量控制程序已就绪,可以接收远程命令。
- 建议通过 Settings 选项卡的 ASCII Configuration 按钮将终端属性设置为“本地响应(Local echo)”,在终端窗口中显示键盘输入内容。
- 从终端窗口输入 MSG = "Hello!",按下回车键。通过这条语句,命令传感器控制窗口打开一个信息窗口,显示“Hello!”。如果远程用户按下 OK 按钮进行确认,终端窗口中显示 RDY,表示语句已正确执行。
- 如果从终端窗口中再次输入 MSG = “Hello!”,而远程用户按下 Abort 按钮进行确认,终端窗口中将显示错误码 <2121 >,表示“用户停止”。

(二)远程操作

远程操作的规则与程序测试控制器输入语句相同。例如:从主机发送命令:CALL "PROG2",执行远程应用程序 PROG2(MAIN 模块)。

如果远程命令执行成功,WINDOX 传感器控制显示就绪信息 RDY。如果执行失败,显示错误码,错误码最多为 5 位数字。

WINDOX 解释程序不独占远程端口。例如,如果当前正在运行的远程程序向同一端口输出数据(例如:SIO1 = REPORT, …),数据将直接发送到该端口,应用程序结束后发送就绪信息 RDY。

六、通过 ACPLT/KS 建立远程连接

(一)初始化测试

利用 ACPLT/KS Magellan 程序可以测试简单的远程控制功能。步骤如下:

- 在 WINDOX 选项对话框中将远程控制端口设置为 ACPLT/KS。
- 打开程序测试控制台。
- 单击单选按钮 Remote。
- 启动 ACPLT/KS Magellan。
- 在 Location:下键入//*localhost*,在本地计算机上打开 ACPLT/KS 网站。缺省目录结构包括 MANAGER 和 sympatec 两个目录。
- 打开目录 sympatec/control,找到变量 command 和 result。
- 选择变量 result,调用 Add Watch 命令,打开“ACPLT/KS 变量观察”窗口以了解变量内容变化情况。
- 选择变量 command,调用 Value 命令,打开“检查变量对象”窗口,以输入变量内容。
- 在 Value 栏键入:MSG = "Hello!",然后单击 Apply 按钮。命令测量控制程序打开一个信息框,显示“Hello!”。
- 在退出信息窗口前,可以看到 ACPLT/KS variable watch 窗口中 Result 变量的值为:EXEC: MSG = "Hello!"。EXEC 表示 WINDOX 应用程序正在运行。

- 如果按下 OK 按钮退出信息框,ACPLT/KS variable watch 窗口中 Result 变量的值为:RDY,表示 WINDOX 应用程序命令已正确执行。
- 如果给 command 变量输入 MSG = "Please click Abort",然后单击 Apply 按钮,而对 WINDOX 信息框以 Abort 按钮进行确认。在 ACPLT/KS variable watch 窗口中,Result变量的值为: <2121>,这是一个错误码,表示“用户停止”。

这个简单的测试可以表明 ACPLT 服务器运行正常,测量控制程序可以远程控制。

(二)远程操作

将远程命令写入 ACPLT/KS 网络变量的规则与程序测试控制器输入语句相同。网络变量位于:// *<HOSTNAME>/<SERVERNAME>/control/command*。与两处两种远程控制方式(串口通信和 TCP/IP 通信)相比,ACPLT/KS 功能更为强大。

(1)计算机通信和应用程序执行过程各自独立进行。ACPLT/KS 服务器提供了一个状态信息缓存,可以在不影响测量过程的情况下读取其中信息。

(2)利用 ACPLT/KS WEB 字符串变量…*/control/value*01…*value*10,远程计算机和本地机之间有多种途径进行信息交换。

第八节　在网络环境下使用 WINDOX

一、网络中的 WINDOX

WINDOX 可以在网络中使用。软件安装应该由有经验的用户,特别是网络管理员来完成,因为安装过程与网络结构以及软件参数是密切相关的。

WINDOX 数据库和应用服务器可以为多个用户提供服务。如果在不同 PC 用户之间共享数据库,建议将 WINDOX 服务器程序安装在网络的一个服务器上。WINDOX 安装程序可以在服务器和客户机上分别安装。

更多信息请参考“第十二章的 WINDOX 5 系统管理”。

如何应用软件进行测量参见第二章第三节。

第五章　KSIGMA 模块控制程序

第一节　KSIGMA 模块

KSIGMA 模块主要用来计算 OPUS 衰减函数。衰减函数理论对于利用 OPUS 进行超声衰减测量计算颗粒大小分布是非常重要的。衰减函数包括了超声波在悬浮液中运动时所有参数的描述。因为每一种固体物质处于悬浮液中时,都会显示不同特性,这个衰减函数必须对所有在 OPUS 中测试的悬浮液系统都有效(例如水中的沙子,母液中的盐)。

对于乳液的测试只需要基于理论计算模型,这种计算模型不需要衰减函数。

KSIGMA 模块是评估衰减函数时操作简便的一种 WINDOX 组件。

计算衰减函数是对 OPUS 测量系统进行物质分析的一种校准。为此目的,利用 KSIGMA 模块对测试到的 OPUS 超声衰减范围与物料的粒度分布相对应,在整个校验过程中,物料的粒度分布必须通过其他的粒度检测方法得到。

在进行 KSIGMA 计算时,下列材料的有关参数必须已知:

- 样品(固体颗粒)的密度和体积浓度;
- 溶液的密度、声速和黏度。

第二节　KSIGMA 对话框窗口

KSIGMA 对话框窗口如图 5.1 所示。

<table>
<tr><td colspan="2">标题栏(Title bar)</td></tr>
<tr><td colspan="2">主菜单(Main menu)</td></tr>
<tr><td colspan="2">工具栏(Tool bar)</td></tr>
<tr><td>项目树结构(Project tree)</td><td>列表区(List area)</td></tr>
<tr><td colspan="2">状态窗口(Status window)</td></tr>
</table>

图 5.1　KSIGMA 对话框窗口

一、KSIGMA 标题栏

标题栏含有“KSIGMA”的当前目标文件名称和其路径(*. ksp)。

二、KSIGMA 主菜单

所有程序的主要功能可以通过主菜单进行调用。常用功能也可以通过工具栏中的按钮访问。主菜单分为以下子菜单:文件、编辑、图表、计算、其他和帮助。

（一）文件（File）子菜单

New	创建新的 KSIGMA 文件
Open	直接打开 KSIGMA 文件与使用工具栏按钮具有相同作用，在标题栏中指示当前文件名称
Save	保存当前操作与使用工具栏按钮具有相同作用；相反，对于存储在数据库中的信息，WINDOX、KSIGMA 会自动创建名为（＊. ksp）的目标文件。这些文件包含完成目标任务所需的必要信息，但不包括未来可得到的测量基础数据。由于所有相关信息捆绑在压缩文件中，所以这些相关信息便于转移到其他计算机中
Save as	将当前操作保存在一个名为（＊. ksp）的新文件中
Reopen	为新近打开的 KSIGMA 提供一个列表
Exit	终止 KSIGMA 模块

（二）编辑（Edit）子菜单

Add	把一个样品的 OPUS 原始信号或粒子大小分布插入到当前操作，工具栏的相应按钮具有同等作用
Cut	将当前所选内容移动到剪贴板，同时删除所选内容，工具栏的相应按钮具有相同作用
Copy	将当前所选内容复制到剪贴板，同时保留所选内容，工具栏的相应按钮具有相同作用
Paste	插入剪贴板上的内容，工具栏的相应按钮具有相同作用
Delete	删除当前选定内容，工具栏的相应按钮具有相同作用
Rename	目标文件（样品，OPUS 原始信号或粒子大小分布）可以使用命名选项 inidividually。在选中各自的对象之前调用“重命名”

（三）图表（Diagram）子菜单

Add curves to diagram	打开 KSIGMA 图的输出对话框，使用工具栏中的相应按钮具有相同作用
Add single curves to diagram	可以通过 KSIGMA 图输出对话框，创建一个当前选定的图（OPUS 原始信号或颗粒大小分布图）
Options	打开 KSIGMA 图表选项对话框，可以从列表中选择所需的原始信号或颗粒大小分布曲线图。此外，还可以选择不同类型的原始信号图

（四）计算（Calculate）子菜单

Check object	根据要求选定检查对象（OPUS 的原始信号或颗粒大小分布），检查出的问题将在状态窗口中显示
Check project	按要求对所选内容进行检查。工具栏的相应按钮具有相同的作用。检查出的问题将在状态窗口中显示。但是，OPUS 原始信号的质量颗粒大小分布情况无法自动进行计算。请参阅 OPUS 原始信号的评估
Calculate extinction	启动衰减函数计算程序。工具栏相应按钮具有相同的作用。检查内容之前计算机将自动进行函数计算。 注意：计算非常费时，需要一定的时间

（五）其他（Extra）子菜单

Options	提供基本的 KSIGMA 模块设置，并导入 OPUS 原始信号和颗粒大小的分布

（六）帮助（Help）子菜单

Contents	启动 KSIGMA 模块在线帮助

三、KSIGMA 工具栏

工具栏提供了常用功能的快捷键：

	打开一个现有的 KSIGMA project
	保存当前内容
	删除原有内容，将当前所选内容移动到剪贴板
	保留原有内容，将当前所选内容复制到剪贴板
	插入剪贴板中的内容
	删除当前选定内容
	把一个样品插入到当前内容
（蓝色）	把 OPUS 测量原始信号的基础数据插入到当前内容
（红色）	把测量颗粒大小分布的基础数据插入到当前内容
	把颗粒大小分布的文件（＊. txt）插入当前内容
	提供了人工输入颗粒大小分布
	根据检查内容要求进行检查
	启动衰减函数计算程序
	打开 KSIGMA 图输出对话框

四、KSIGMA项目树结构

KSIGMA主窗口中会提供一个清晰的结构对象的顶层树结构。使用复制、剪切、粘贴和删除等命令，可能会移动、复制或删除任何树结构的对象。同时，对象可以被重新命名一个特殊名称。当选定一个对象时，其详细信息或内容将显示在列表区中。

（一）材料特性（Material properties）

材料特性指影响测量分析的所有参数，并在列表区显示。启动计算程序前，计算机会自动查看列表中的参数值。

1. 样品性能

Density	固体颗粒的密度，g/cm^3

2. 溶液性能

Density	溶液的密度，g/cm^3
Viskosity	动态黏度，mPa·s
Speed of sound	纯净液体的声速，m/s

3. 计算设置

Attenuation limit	此参数定义了衰减的界限。当计算衰减函数或颗粒大小分布时，原始信号值不考虑上述的限制，一般默认为155 dB，只有在特殊情况下才进行修改
Max. frequency corr.	此项定义了通用的频道频率范围，当衰减信号的频率超出范围（见上文），信号跳过。如果很多频道超出以上界限，会输出错误信息，并在最高频率处开始计数（向下为-）

如果列表条目中没有显示该样品或溶液的特性，OPUS测量的第一个原始信号添加到树时，样品或溶液的特性会自动从数据库中读取并设置。

如果已设置了样品或溶液的特性，当添加OPUS原始信号或颗粒大小分布时，应检查数据的一致性。如果输入的物料特性与KSIGMA模块的设置不同，计算数据可能会出现不一致。

（二）样品（Product）

物质的类别是指样品分析时的静止状态。为了得到一个可靠的衰减函数，至少要提供2种，最好是3种不同颗粒大小的样品。建议提供的不同颗粒大小的样品最好能覆盖OPUS的整个分析范围。

总的来说，样品对KSIGMA至关重要。应该明确指出，对于KSIGMA操作而言，不同样品指的是相同的物料（悬浮）不同的颗粒大小。当KSIGMA操作中含有的物料不同时，超声衰减理论是没有任何意义的。

可以使用菜单选项或工具栏按钮添加新样品。

一种物质的样品不仅包含该样品的 OPUS 原始信号,而且应该包括该样品各粒径组颗粒的大小分布。为了减小最终的测量误差,建议提供同种物质不同粗细的样品,各种应不少于两个。在计算开始之前,其均值、OPUS 原始信号和粒径的分布将被计算,并使用在以后的计算过程中。

为了清楚起见,有些样品可以单独重新命名。

(三)OPUS 原始信号(OPUS raw signals)

OPUS 原始信号是由所选物质的样品测量时产生的,应分别使用所选物质对应的菜单选项或工具按钮。

在任何情况下,OPUS 原始信号都是当前 WINDOX 测量样品时的基础数据。如果原始信号来自其他的测量基础数据,就必须使用选项对话框更改 WINDOX 测量基础数据。从数据库导入测量信息后,KSIGMA 将生成一个标记(测量日期和时间、OPUS 序列号)。如果需要,可以将生成标记赋予个别指定的对象。

在 OPUS 测量时,输入的每一个 OPUS 原始数据对估计悬浮液的体积浓度都是很重要的,包括输入的字段、体积浓度、列表区、绝对误差估计值和绝对误差值区间。

(四)颗粒大小分布(Particle size distribution)

有几个选项可以导入不同类型数据源的颗粒大小分布,并进行比较。使用每一个选项可以通过调用菜单命令或工具按钮。

1. 在数据库添加颗粒大小分布

可以从数据库中直接加,如 Sympatec 公司的激光衍射系统 HELOS 测量被存储在 WINDOX 数据库中的测试结果。HELOS 的数据库和 OPUS 测量数据使用的数据库可以是同一个。如果颗粒大小分布从另外的测量数据导入,必须使用选项对话框更改 WINDOX 测量数据库。

2. 在文件中添加颗粒大小分布

在某些情况下,对颗粒大小分布进行比较可用一个不兼容的文件格式。KSIGMA 读取 ASCII 文本文件(文件后缀为.txt),每行文本包含一个粒径值 x 和累积粒度分布值 Q3(x)。可以使用 KSIGMA 模块中的选项对话框设置颗粒的大小尺寸(nm,μm…)值之间的分隔符,自动检测缩放值 Q3(1% 或 100%)。此外,x 值排序,无论是上升或下降都无关紧要,例如 ASCII 文本文件在文本编辑器或在电子表格计算程序的帮助下很容易操作。

3. 添加颗粒大小分布

如果不能从计算机中读取数据,可以通过计算机键盘直接将粒度分布数据输入到列表框的编辑区。

五、KSIGMA 列表区

详细信息和所选内容会在列表框中显示。如果需要,可以输入其他信息或修改现有信息。

强烈建议不要调整 OPUS 原始数据,虽然其有可能也在列表区。

六、KSIGMA 状态窗口

错误和信息状态都会在状态窗口显示，例如，如果在检查一个项目的表格时，发现输入了一个错误数据，或者在触发用户命令或自动开始计算时，窗口中的一个日志文件将会列出错误，并会说明错误的类型和列举错误名称。

第三节　KSIGMA 成果输出

一、KSIGMA 图

被提交的图表对象，必须在选择项目树前输出 KSIGMA 图。

图表可以输出：

- 颗粒大小分布；
- 测量的原始信号。

每个独立的物质或样品的常规处理。

此外，如果从下拉列表中选择衰减函数，则可以计算 OPUS 原始信号，并输出颗粒大小分布图形。当点击信息按钮[i]右侧的下拉式菜单框时，衰减函数特性图表将会自动显示。

二、KSIGMA 图选项

理想的初始信号或颗粒大小图表可以从列表中选择，也可以从以下备选方案中选择：

- Normal and Reference(dB)选项是用来创建一个正常测试信号与相对应的背景测试信号相关图的。
- Normal - Reference(dB)选项是用来绘制在整个频率段内正常测试信号与背景测试信号的差值，即有效信号的分布图的。
- Normal - Reference，Standardized(1)选项是用来创建一个有效信号的缩放图的。

上述三种类型图哪一种更合适取决于图的原始信号所显示出的被测物质的某些突出特性。其对于计算分析原始信号、评估原始信号曲线的趋势有很大帮助。

三、KSIGMA 检查列表要求

KSIGMA 操作应满足下列衰减函数计算的基本要求：

- 所有样品和溶液的特征值必须大于或等于零。
- KSIGMA 操作必须至少有一个样品。
- 必须包含样品的 OPUS 原始测量数据和颗粒大小分布的记录。
- OPUS 原始测量数据：
  - 体积浓度必须大于零。
  - 必须有至少五种类型样品的值。
  - 频率/衰减的单一值必须大于零。
  - 所有频率必须各不相同。

○必须至少有四组 3 个一组的值是用实际测量信号减去背景信号。

- 颗粒大小分布：
  - ○至少有 5 组数值。
  - ○至少有 4 个不同的 Q3 值。
  - ○ x 值不能是负数。
  - ○ x 值必须单调增加。
  - ○不能重复出现 x 值。
  - ○ Q3 的值必须在 0 ~ 100 的范围内。
  - ○ Q3 的值必须单调增加。
  - ○当 x = 0 时，Q3 的值必须为 0。
  - ○最终的 Q3 值必须是 100%。

四、KSIGMA 计算对话框

计算对话框提供了一个衰减函数的计算选项，从而定义衰减函数的名称。如果有需要，可以增加一个数字以避免在数据库中重复，其默认值是对应于该 KSIGMA 操作的名称。

计算对话框不仅可以进行当前计算，而且可以对其后生成的列表进行计算。计算对话框也能够对列表中插入的内容进行排序，并对照检查列表。

✚	将已有的 KSIGMA 操作添加到计算列表中，添加之前对列表进行表面检查
▬	从计算列表中删除所选的内容
a|b	打开一个对话框对所选的 KSIGMA 衰减函数重命名，同时禁用数据库中的已有名称
⬇	将列表中所选的 KSIGMA 内容向下移动一行
⬆	将列表中所选的 KSIGMA 内容向上移动一行

由于衰减函数的计算是一个费时的过程，衰减函数名称的选择是可以在数据库进行计算时完成的。这就是在存储结果时检查衰减函数名称的原因。如果有需要，计算机会自动修改名称，并通过状态窗口中的修改信息通知用户。

第六章　数据显示程序

数据显示程序(DVP)用来输出存储的测验数据,与应用软件程序的数据输出页面(Data output page)相比,DVP 提供了更多扩展选项。

在网络环境下,DVP 还有一个特点,就是可以将 DVP 安装在其他计算机上在线实时监视应用软件程序的测量结果。为此,当这个特性激活时,DVP 自动接收数据库的更新信息。按照用户的设置,最新观测结果可以进行显示、打印、写入文件或者某一接口。

DVP 主窗口如图 6.1 所示。

菜单条:文件、视图、数据、其他、帮助
工具条:、、、、、、、、、
Tab control 有两个页面:Output(输出)和 Statistics(统计)
状态条

图 6.1　DVP 主窗口

第一节　DVP 菜单选项

一、文件(File)菜单

Save session as	WINDOX 数据的 DVP 可以进行保存。在指定目录下创建后缀为 . WXD 的配置文件。双击该文件即可恢复 DVP 所有配置参数。通过这种方式,可以创建不同任务的不同配置
Printer setup	打开 Window 通用打印机设置对话框
Exit	程序终止

二、视图(View)菜单

Report output	打开一个空的报表输出窗口,工具条上的对应按钮具有相同功能
Distribution diagram Q(x)	打开一个空的分布图窗口,工具条上的对应按钮具有相同功能
Trend diagram Q(t)	打开一个空的趋势图窗口,工具条上的对应按钮具有相同功能
Shape diagram Sph(x)(仅用于 QICPIC/PICTIS/PICTOS 系统)	打开一个空的形状图窗口,工具条上的对应按钮具有相同功能
Message log	打开 WINDOX 消息日志窗口。所有 WINDOX 消息都显示在这个窗口。消息日志窗口容量有限,每次程序启动时都将清空。工具条上的对应按钮具有相同功能

三、数据(Data)菜单

Browser	打开数据库浏览与过滤对话窗
Sensor	DVP 每次只能应用于一类测量数据： • HELOS/MYTIS/MYTOS 激光衍射； • OPUS 超声波衰减； • QICPIC/PICTIS/PICTOS 图像分析； • NANOPHOX PCCS。 可以作为数据源
Measurement Database	打开数据库选择对话框。DVP 连接的所有在服务器上注册的数据库都将显示出来,选择其中之一作为 DVP 的工作数据库
Settings of the automatic mode	打开一个新的对话窗,用来定义程序在自动模式(或在线模式)下的运行方式
Connect	DVP 设置为在线模式,程序等待应用软件程序存入数据库的最新测量。每个符合在浏览/过滤窗口设置的过滤条件的指定传感器类型的最新测量都将自动按照 Setting of the automatic mode 对话框的设置进行处理 **请注意**:在这种操作模式下,不能选择传感器类型,也不能选择改变工作数据库。如果需要改变这些设置,须利用 Disconnect 按钮关闭在线模式
Disconnect	DVP 设置为脱机运行模式

四、其他(Extra)菜单

Options	调用选项对话框,设置数据库、计算和语言参数
Report Editor	调用 WINDOX 报表编辑器

五、帮助(Help)菜单

Help	跳到在线帮助目录

第二节　DVP 输出和统计页面

DVP 对话框下部的两个制表页中含有所有输出类型选项,可以像应用软件程序的输出页那样进行设置。由于不同应用软件的 DVP 选项差别很大,用了两个页面来进行设置,分别为“输出”和“统计”。

两个页面都被分为两部分,分别为“报表”和“图形”,对两类输出分别进行设置。

如果选择了“输出”页面,将为每项测量创建一个报表。如果选择了“统计”页面,仅输出一份对所有测量系列的统计结果。详情参见“第七章第三节 WINDOX 统计”。

当重新启动测量时(通过数据库选择器的☑按钮,或 DVP 设置为自动模式),所有参数开始生效。

一、DVP 报表选项

Screen	报表在“报表输出窗口”显示
Printer	打印报表。请确认打印机已安装
Communication port	报表发送到串行端口。数据格式可以选择 RTF 格式或 TXT 格式,可以选择通信端口。端口传输参数采用系统设置值,且不能修改。输出文件按照报表模板生成
Save to file	报表保存到一个或多个文件。 两种可用文件格式为: • RTF 格式——保留所有支持的格式; • TXT 格式——ASCII 文本格式,便于从其他应用程序中导入数据。 创建文件的 4 种可用模式包括: • Overwrite single file:每次新报告都覆盖指定文件。 • Append to single file:报告内容添加到文件末尾。 • Series with name pattern + counter:为每个报告创建一个新文件,文件名根据指定的模板加上一个计数器自动生成。例如 MyReport. 001. txt, MyReport. 002. txt… • Series, name = DB stamp 为每个报告创建一个新文件,文件名根据测量对应的数据库字段(日期 - 时间 - 系统#)生成。对于不能在文件名中出现的字符,用下划线代替。 根据创建模式不同,可编辑域文件包括下列内容之一: • 输出文件名; • 输出目录名; • 以数字系列作为文件名的输出文件名字模板。 可以通过单击“…”按钮选择文件路径

二、DVP 图表选项

可以同时选择多达 3 种图表类型。图表在 VDU 上显示。如果需要按照一定格式打印图表,应该利用命令@ GRAPH、@ TREND 或@ SHGRAPH 把图表作为报告的一部分。

Distribution Diagram Q(x)	显示分布图
Trend Diagram Q(t) (仅用于"Output"页面)	显示趋势图
Shape Factor Diagram Sh(x)	显示形状因素图

第三节　自动模式设置

DVP 的自动(在线)模式可以通过对话窗口进行配置。

一、结果计算

如果在一台或多台计算机上运行多个 DVP 实例,使用同一个数据库,为了避免不同 DVP 实例相互竞争造成整个系统效率下降,应该指定一个计算机进行测量计算(例如,运行速度最快的计算机,或者没有其他任务的计算机)。

因此,可以通过下列设置激活或禁止计算。

Yes:Wait for new measurements,calculate the results and produce the desired output.

DVP 将等待数据库服务器信号,最新测量数据是否已经存入数据库,数据将被取出,并按照对应应用软件程序的产品页面指定的方式进行计算。如果其他 DVP 实例也在等待相同的测量(也就是说,它们的数据库过滤设置相同),对同一次测量将进行竞争计算。因此,只能有一个 DVP 实例可以进行此操作。

不管输出选项是否激活,计算都将进行。

No:Let other WINDOX programs do the calculation. Wait for results of new measurements and produce the desired output.

DVP 将等待数据库服务器信号,最新测量的计算结果是否已经存入数据库,然后调用和输出该结果。

二、参数设置

Switch to automatic mode on program startup,如果该选项被选中,程序启动后 DVP 将自动进入待命状态。在此情况下,不需要用户的干预,自动设置为完全自动的系统。

如果该选项被选中,可以设置其他两个选项:

- Open output window on screen:程序运行后,自动打开空的图表或报表输出窗口。如果该选项被禁用,只有当第一条结果生成后,才打开窗口。
- Minimize the Data Visualisation Program on startup:对话框主窗口不显示为正常大小,而只是最小化在 Windows 任务条显示。

该设置将替代启动旧的 DVP/AUTO 参数,例如下面的命令行:

C:\Program Files\Sympatec\WINDOX 5\bin\WxDataVis32. exe/AUTO

但是为了向后兼容,命令行参数仍然可用。

Display error messages,如果该选项被选中(缺省值),出现错误时将自动打开消息窗口。可以通过禁止该选项来限制成果展示时出现消息窗口,但错误信息仍会在日志中照常记录。

第七章　测量结果选择与浏览

第一节　WINDOX 浏览测量

WINDOX 5 对浏览和选择窗口进行了重新设计，提高了速度和易用性。在调用程序窗口激活时，浏览窗口仍然可以保持打开。通过数据库选择对话框，以及存储的测量数据有关的一些操作，例如调用应用软件程序、统计计算，以及对计算结果的审查。

浏览对话框由如图 7.1 所示的几部分组成。

标题栏（Title bar）：显示测量数据库的 <别名>
工具条 Tool bar：
过滤条（Filter bar）：标准过滤器或专家过滤器
测量列表（List of measurements）
状态条（Status bar）：显示选择测量的个数、总计和当前行（光标位置）

图 7.1　浏览对话框

为便于理解，这些因素将按照从下（测量列表）到上（工具条）的顺序进行说明。

一、测量列表

利用测量列表，用户可以根据需要查看、排序或选择测量。每行对应一次测量，其日期和时间是唯一的。只有符合最终过滤条件的记录才会显示。

缺省情况下，每当存储的数据发生变化时，列表的内容自动更新。例如，如果数据库中存入了一条新的测量记录，它将自动添加到列表末尾，并刷新列表。

这种缺省的处理方法有时候也会给用户带来不便，因为列表刷新时，用户对测量所做的选择会自动清除。为此，可以利用“选项”、“数据库”下的“自动浏览刷新”核选项禁止该信息系统。

（一）列表框的各列

在浏览器的各列中可以显示测量的多个属性，包括 10 个用户参数。缺省情况下，仅显示测量日期和时间。

可以单击工具条的按钮添加/删除列。大部分可用的列都指向测量数据库中的数据，不需要多加说明。另外，有 4 个列是数据处理状态指标：

- 打印（Printed），包括打印该测量结果的用户名。该列可用来判别哪些尚未打印，例如在每天自动进行打印的情况下，当产品参数、存储的 10 个用户参数发生改变或者相应的测量注释修改时，该标记将清除。
- 预览（Reviewed），包括审查该测量结果的用户名。当产品参数、存储的 10 个用户参数发生改变，或者相应的测量注释修改时，该数字签名将被清除。
- Product. a. t. 表示存在该产品特性的审查索引。这意味着，测量结束以后产品参数进行了修改，数据库在 FDA CFR 21 标准中第 11 条模式下进行了操作。
- Meas. a. t. 表示存在测量注释或用户参数的审查索引。这意味着，测量结束以后注释或用户参数进行了修改，数据库在 FDA CFR 21 标准中第 11 条模式下进行了操作。

列的宽度和位置可以按照 Windows 资源管理器风格用鼠标左键进行调节。当 WINDOX关闭时这些信息保存在配置文件中。列的位置会影响到测量的排列顺序。

（二）排序

单击列标题，该列将成为排序主列，用一个小三角标示，意味着测量按照该列的记录进行了排序。排序主列中的相同项的排列未进一步定义。

（三）选择

测量的选择利用键盘和鼠标进行，与 Windows 资源浏览器的操作相同。已选测量记录用不同的颜色标示。

二、过滤条

为便于选择测量的子项，标准过滤条有 4 个常用的过滤指标下拉框：product（产品）、measuring range（测量范围）、dispersing system（分散系统）和 date（日期）。

如果激活了多个过滤框，过滤条件按照逻辑 AND 解释，即满足所有条件的测量记录才会显示在列表中。

如果要进行更复杂的过滤，可以使用专家过滤。

三、工具条

工具条上有多个按钮可以用来处理选择的测量。一些按钮只有在其功能对于被选择的测量有意义时才可以使用。例如，（统计）按钮只有当选择的测量超过一个时才能使用。

按钮	说明
	打开属性列表，添加列，在浏览列表框中显示
	激活测量列表的标准过滤
	激活测量列表的专家过滤
	跳到测量列表的第一行，不改变列表选择项
	跳到测量列表的最后一行，不改变列表选择项

按钮	说明
	选择浏览列表中显示的所有测量记录
	刷新浏览器视图。重读数据库,更新测量列表。当其他进程正在后台操作数据库且“浏览器自动刷新”被禁止时,该操作是必要的
	按照缺省的顺序对各列排序,在第一列做标示
▶	从数据库中把选择的测量调入应用软件程序,作为当前测量
	对选择的测量进行计算。它取决于调用程序(应用软件程序或 DVP)各个输出页的设置参数按照哪种类型输出、保存在何种媒介
	对选择测量进行统计分析。它取决于调用程序(应用软件程序或 DVP)各个输出页“统计”部分的设置参数按照哪种类型输出、保存在何种媒介
×	删除指定的测量。当删除测量数据,产品、触发条件或者分散系统数据成为不再使用状态时,这些记录不再受到保护,但是未自动删除
	调用测量的电子签发程序,数字签名按照 FDA CFR 21 标准中第 11 条的要求进行。打开对话窗口,签发者输入登录名和口令,以及签名的原因。根据第 11 条的要求,对于签署系列的每一次测量都要输入口令
	仅用于 QICPIC/PICTIS/PICTOS:删除所选测量的图像数据 由于数据库中的 QICPIC/PICTIS/PICTOS 图像数据占据大量空间,对有关数据进行计算后,应删除原始图像数据 该操作应非常小心。该命令完成后,所有基于这些原始图像数据的进一步计算都将无法进行
	仅用于 NANOPHOX:创建所选测量的累加测量。对用户所选测量,通过数据合并来提高 NANOPHOX 测量的统计相关性。只有相同的产品/溶剂的系统才可以进行累加
	仅用于 NANOPHOX:重新定义计算方法。打开选择窗口,为所选测量指定一个计算方法
	将所选测量拷贝到客户 PC 机的数据库文件中。打开对话框,创建/选择备份文件保存的目录 使用该功能需要特殊用户权限 这项功能有助于在客户 PC 机上创建测量数据记录的备份,而不需要管理数据库服务器,否则将断开所有其余客户连接。备份的文件可以在其他已注册的服务器上恢复为数据库,供其连接的客户 PC 机使用。数据库管理程序可实现该目的。备份文件是一种常规文件,也可以用同样的方法恢复到原服务器上 利用该功能也可以很方便地把数据库的一部分导出,在其他系统中进行后续分析,而不影响原服务器的操作

第二节　数据库专家过滤器

专家过滤器页面可以对浏览器页面显示的测量进行更加复杂的过滤。单击浏览器窗口的过滤条可以打开过滤器定义对话框。它由如图 7.2 所示的部分组成。

工具条：、Named condition、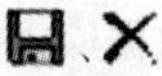			
属性	关系	值	链接
测量属性(例如“产品名称”)	比较运算符	用于比较的属性值	链接到下一标准：and/or
list…	…of…	…criteria…	…continued

图 7.2　过滤器定义对话框

一、工具条

利用按钮和下拉框来管理过滤器指标行，组成过滤条件。

	向列表中添加过滤指标。创建一行缺省值。双击各列、Field、Relation、Value 或 Link，修改相应值
	从过滤指标列表中删除选定行
	清除过滤器页面的所有行，清空过滤器。数据库中所有测量都将出现在浏览器页面中
	重新载入初始过滤条件，取消所有修改
	把所选过滤指标向上移动一行
	把所选过滤指标向下移动一行
	如果该按钮被按下(缺省)，过滤表达式中字符大小写敏感。也就是说，对过滤条件 product name = w* 包括测量列表中所有 water(而不是 Water)产品
Named condition	下拉框中包括所有命名过滤器配置可以选择列表框中的记录进行装载。若要创建新记录或删除已有记录，可以在编辑区键入名字，然后分别单击 Save 或 Delete
	将当前过滤条件(整个过滤指标集)保存在 Named condition 域显示的名字下。如果该名字已存在，将覆盖原有参数
	删除 Named condition 域显示的过滤条件

二、过滤指标列表

过滤条件由一到多个过滤指标组成，每个指标占一行。每个过滤指标包括四部分：

- Field。测量属性(例如“产品名称”)。
- Relation。比较运算符(如“=”或“<>”，后一符号表示“不等于”)。

- Value。和属性进行比较的数值。该数值可以从包含数据库中存储所有数值的下拉框中选取，也可以手工输入。表达式可以包含通配符：

  * 代表所有任意数字或字符。

  ? 代表单个字符。

- Link。一个可选的逻辑操作符(AND,OR)将本指标与下列表达式连接起来。

  利用括号“( )”把过滤条件进行分组是不可能的，但可以利用通配符避免这种情况：

  COND1 AND(COND2 OR COND3)等同于(COND1 AND COND2)或者(COND1 AND COND3)。

  由于运算符“AND”的优先级比“OR”高，后一表达式的括号可以去掉。

当按下“OK”按钮关闭过滤页面后，开始过滤操作。

第三节 WINDOX 统计

WINDOX 统计功能用于计算平均值、均方差以及在报表中绘制测量序列的趋势图。

当在统计报表中使用模板时，模板命令生成的数据或字符串都为平均值。若要获得均方差值，应设置统计选项(Statistics option)使用模板命令的特殊格式。另一个特殊命令用于在报表中插入趋势图。

除这些取平均值的成果外，对于测量的其他单个因素(例如日期和时间)也可以利用模板命令将 LOOP…ENDLOOP 加入到报表中。

只能对下列测量和计算参数相同的测次进行统计：

- HELOS/MYTIS/MYTOS：测量范围、计算模式和 REMO 参数相同。
- OPUS：同一产品。
- QICPIC/PICTIS/PICTOS：同一产品。
- NANOPHOX：产品、溶剂、数值、计算模式、最小/最大粒径以及计算模式的网格数量、刻度划分。

第八章　WINDOX 图表输出

第一节　图表输出项

WINDOX 软件有多种测量结果：

- 分布图 Q(x)；
- 趋势图 Q(t)；
- 形状图 Sh(x)(指图像分析)；
- 不同介质的报告输出；
- ACPLT/KS 网络服务器数据发布。

报告和图表可以按照用户的特殊需要进行设置并以模板的形式存入数据库中。

WINDOX 图表主要描述使用不同的测量方法，通过数据转换得到的单次或多次测量数据的粒度分布图。这种图形被称为分布图 Q(x)，其中 Q 代表颗粒的数量，x 代表颗粒的大小。

QICPIC/PICTIS/PICTOS 图像分析系统可以提供颗粒形态信息，也可以提供形状图 Sh(x)。

另外，描述测量时间内被测颗粒的大小分布和数量随着时间的推移而变化的图形被称为趋势图 Q(t)(其中 Q 代表数量，t 代表趋势或时间)。一般最常用的图是以时间 t 为变量轴的。

图形不仅可以反映粒度分布或趋势，而且还可以反映其他相关关系。例如，衡量 OPUS 超声波衰减原始信号的 KSIGMA 模块或 NANOPHOX PCCS 相关函数分析图 Cf(x)。

图形可以在屏幕上显示或包含在一份报告中。

按下图形数据处理按钮，图形窗口被打开，选择数据库浏览器(评估)按钮之一，即可打开相对应的图形程序，例如：(Q(x))，(Q(t))，(Sh(x))或(Cf(x))。

一、分布图 Q(x)

WINDOX 分布图(Q(x)分布图)主要提供测量粒子的大小分布，可以选择不同刻度和坐标。累积分布和密度分布可以作为基本类型的曲线。

Q(x)图中可以显示统计数据，包括以下曲线：

- 所有的单分布曲线；
- 平均值曲线；
- 标准差；
- 正标准差；
- 负标准差。

二、趋势图 Q(t)

绘制粒度分布特征值和其他测量值,如:

- 时间;
- 测量数量;
- 任何其他合适的测量值。

作为一个趋势图(Q(t)图)。

在输出统计数据时,趋势图只可以作为报告的组成部分(参阅@ TREND 模板命令)。

定义提交哪些数据可以借助模板命令。Q(t)图模板包含绘制趋势线的数据标记、坐标轴和关系图选项。该 Q(t)模板保存在演示报告数据库中。

三、相关函数图 Cf(x)

相关函数关系图旨在提交 NANOPHOX 相关函数的相应视图。

- 度量相关:测量点的相关函数。
- 缩放度量:测量的比例范围为 0~100%。
- 度量/拟合:拟合相关的测量曲线,使用所选的测量值进行计算和拟合。
- 测量缩放/拟合:同以上相同的比例范围为 0~100%。
- 残差 g2:实测值与合适函数值之间的偏差,量度值缩放在 0~100% 的范围内。

  相关函数图只用于 NANOPHOX 测量。可以选择各种刻度和网格。

第二节 图表窗口

由于操作系统的原因,不同类型的图表窗口(见图 8.1)非常相似。在这里把分布图作为一个例子进行解释。图表的特殊功能分别在每一章节介绍。

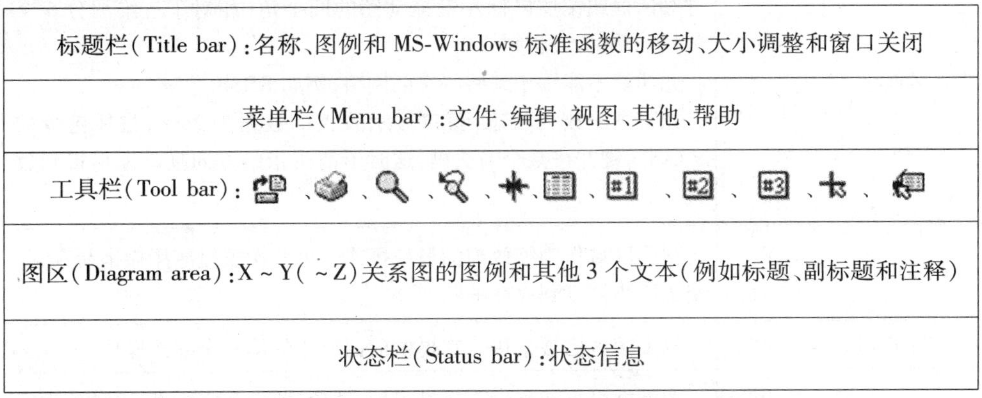

图 8.1 图表窗口

关系图窗口的主要菜单:文件、编辑、视图、其他和帮助。

一、文件(File)菜单

文件菜单选项指的是把图和模板作为一个整体:

Save as	图区可以用 Metafile（emf）、Windows Metafile（wmf）或 Bitmap（bmp）增强型格式保存在文件中
Template，Open	从数据库中检索存储的模板，并且在当前视图窗口使用
Template，Save	将模板名称存储在数据库中
Page style	打开页面格式对话框，可以设置对齐、页边距、内容以及可选页眉和页脚
Print preview	在打印预览窗口显示输出内容
Print	打开当前要打印的图操作系统的对话框窗口
Exit	保存设置，关闭视图窗口，以便能够恢复到下一次使用

二、编辑（Edit）菜单

Copy	将图形区域复制到 Windows 剪贴板。图形可用于其他 Windows 应用。例如文字或图片处理程序在 Windows 图文格式中
Clear	删除图中所有曲线

三、视图（View）菜单

视图菜单选项显示或隐藏不同类型图窗口。

Refresh	刷新图区，每条线将重新绘制。如果 MS-Windows 包括该功能，就不能重绘窗口
Zoom	该图形程序包括一个高效率的变焦功能，其中图形可以放大。通过对话框或按住鼠标左键拖动图的四个角（相对于三维图分 6 个角）任意放大图区域 此功能不能用于某些特殊的网格，例如 RRSB。 如果图是放大状态，窗口显示放大的数据为 25%，按住键盘的 <Ctrl> 键并按某个箭头键，这时沿箭头指的方向拖动图形得到放大
Undo zoom	图形区域作为缩放前的最新操作。可多次重复应用撤销命令，并使图逐步恢复到以前的状态
Standard	放大图区已被禁用。它提供前面所给的第一个缩放操作
Legend	图例框可见或移动。通过附加、选项、图例和文本框选项卡，进行图例框内容的定义和布设
Text box	其他 3 个文本框可见或移动。通过附加、选项、图例与文本框工具栏，进行文本框内容的定义和布局

Cross hair	一条水平线和一条垂直线所组成的十字线随鼠标的光标移动。以确定图区域的坐标,并不断在状态栏中显示
Curve point hint	如果启用此选项,每当鼠标光标移动到曲线的一个点,将会显示该点的数据
Menu < Alt M >	菜单栏图窗口可隐藏放大图区域,如果需要显示,可以再次同时按 < Alt > 键和 < M > 键
Tool bar	工具栏的图形窗口,可隐藏放大图形
Status bar	状态栏的图形窗口,可隐藏放大图形

四、其他(Extras)菜单

Options	打开对话框窗口设置图形选项

第三节　图表选项

可以根据用户的需要自定义 WINDOX 图表的内容和布局。图表选项对话框包含设计和修改图的属性的所有控制。所谓图表选项对话框,是通过图表窗口的菜单命令进行附加选项。许多快捷方式(如通过上下文菜单),可以直接进入页面的选项对话框。它的内容如图 8.2 所示。

标题栏(Title bar)	
选项栏(Options bar): 工作界面内容切换 界面分为不同类型的曲线,图和图例与文本框	工作页面可显示不同的功能设置并可进行修改。根据属性类型,工作页面还可以分成若干表格 可以设置不同类型的图,如分布图 Q(x)、趋势图 Q(t)、OPUS KSIGMA 图、QICPIC 形状图或 NANOPHOX 相关函数图 对属性之一进行的所有修改都保存在内存中,工作表或工作界面通过选项卡进行切换,但最终按确认确定键才有效
确定 - 取消按钮	

图 8.2　图表选项对话框

按对话框底部确定或取消按钮关闭该窗口。

如果打开该对话框,取消将会放弃所有修改。

修改内容确认确定后,当前和未来都会有效。用户定义的名称、菜单命令、文件、模板存储在数据库中。相应地,如果打开存储的文件装载图模板,图表选项将被覆盖。

一、Q(x)曲线选项

曲线组选择栏允许在 Q(x)图中设置代表各种属性的曲线。工作界面有 4 个图标:

●  选择粒度大小分布数据进行绘图。

● 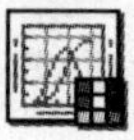 标准曲线图,粒度大小分布曲线。

以下的两个图标又包含 6 个特殊的分布曲线图。

●  统计结果,如

 ○ 平均值;
 ○ 标准差;
 ○ 平均值 + 标准差;
 ○ 平均值 - 标准差。

●  用户定义的质量范围,如

 ○ 质量上限;
 ○ 质量下限。

(一)Q(x)图数据定义

可以在 Q(x)图中表示配置的数据。页面分为 4 个选项,分配给 X、Y1、Y2 和 Z 四个轴,每个选项卡都是常规设置。

(二)所有文件选项

所有文件选项页面上的设置适用于 Q(x)图的所有坐标轴。

Quantity measure	WINDOX 5 可以选择不同度量值的输出结果。选择如下: ● Q3:体积/质量分布。 ● Q2:面积/表面分布。 ● Q1:长度/直径分布。 ● Q0:数量分布 为了便于理解,一幅图中的所有曲线设置要统一
Statistical output	如果输出统计结果,应使用此组的设置而经常忽略曲线输出
Single curves	单个粒度分布统计数据在图中显示为一条曲线
Mean value	计算不同大小粒度分布相应点的平均值并在曲线图中显示
Mean value + standard deviation	不同大小分布的平均值加上它们对应的标准差,结果显示为一条曲线
Mean value - standard deviation	不同大小分布的平均值减去它们对应的标准差,结果显示为一条曲线

(三)文件选项 X

文件选项 X 页面上的设置适用于 Q(x)图的 X 轴。

Content	仅指以粒径为横坐标的 Q(x)图
Label	在这里可以编辑 X 轴标记,例如"颗粒大小"或"直径"等有意义的标记
Unit	可从列表中选取所需的长度单位 **请注意**:最大或最小(见下文)单位设置不能被转换
Scaling	此页面不能设置缩放模式,只需设置 Y 轴的数值,并且显示
Minimum, Maximum	开始或结束数值的大小可以从一个选项框中选择最小、最大两个数值进行限制 • 自动(确认):在准确尺度的最低处或最高处对应最小或最大的绘图数据 • 自动(四舍五入):最低处或最高处来自绘图数据,但缩放规模可以扩展到下一个主要刻度 • 个别:除用户定义最小或最大外,还可以输入其他字段。在这种情况下应确保用户输入的所有数据可在图中显示

(四)文件选项 Y1

文件选项 Y1 页面上的设置适用于 Q(x)图左边纵坐标 Y1 轴。

Content	在下拉列表中显示代表粒度分布的各种表示形式。标准差只在统计函数中使用。如果图中使用统计功能,Y1 轴不能是虚轴,Y2 轴可以是虚轴
Label	当选择内容时,可以预设 Y1 轴的标记。以后根据用户的需要再进行修改和调整
Unit	根据不同的内容,Y1 轴可以从下拉列表中选择法定的单位
Scaling	当选择内容时,自动设置缩放模式只能显示
Minimum, Maximum	最小和最大的选项说明请参阅 Q(x)曲线选项部分中文件选项 x

(五)文件选项 Y2

文件选项 Y2 页面上的设置适用于 Q(x)图右边纵坐标 Y2 轴。

Content	在下拉列表中显示与 X 轴相匹配的代表各种粒度分布的尺度。标准差只有在图中使用了统计功能才有意义
Label	当选择内容时,可以预设 Y2 轴的标记。以后根据用户的需要再进行修改和调整
Unit	根据不同的内容,Y2 轴可以从下拉列表中选择法定的单位
Scaling	当选择内容时,自动设置缩放模式,但只能显示
Minimum, Maximum	最小和最大选项说明,请参阅 Q(x)曲线选项部分中文件选项 x

(六)文件选项 Z

文件选项 Z 页面上的设置适用于 Q(x)图三维坐标 Z 轴假设的三维坐标表示形式。

Content	为了获得一个假设的三维粒度分布图,曲线沿 Z 轴设定日期或时间
Label	当选择内容时,可以预设 Z 轴的标记。以后根据用户的需要再进行修改和调整
Unit	为了获得一个假设的三维图 Z 轴的单位,自动设置适当的单位或者日期和时间
Scaling	Z 轴的缩放模式始终是线性的
Minimum,Maximum	最小和最大选项说明请参阅 Q(x)曲线选项部分中文件选项 x

二、Q(t)曲线选项

曲线组选项栏可以设置代表不同特性的 Q(t)。该组有 3 个图标:

- 选择绘制趋势图的数据。
- 设计趋势曲线,这是 Q(t)图的标准曲线。
- Q(t)图的布局受水平辅助线的限制。

(一)Q(t)图数据定义

Q(t)图数据配置的定义如下:

- 物理量缩放轴;
- 轴线标记,包括物理单位;
- 趋势曲线的图例。

页面分为 3 个选项,分别分配给 X、Y1 和 Y2 三个轴。

(二)文件选项 X

文件选项 X 页面上的设置适用于 Q(t)图的 X 轴。

Content	日期和时间 经常使用的 Q(t)图是随时间变化(趋势)的。例如,平均粒径随着时间变化 当前编号 如果测量日期和时间与输出结果无关,或者按恒定频率进行测量,那么用当前的测量编号表示横坐标可能比用时间表示更好 模板命令 任何其他测量值的量化指标都可绘制在横坐标上,并在下拉列表中选择一个模板命令
Label	当选择内容时,可以预设 X 轴的标记,然后根据用户的需要进行修改和调整
Unit	当选择内容时,可以自动设置 X 轴的单位,但不能编辑
Scaling	X 轴的缩放取决于内容。如果是固定或者线性及对数刻度缩放,可以选择缩放模式

Retrospect	如果内容是日期和时间,设置放大时可减去最小某一段时间(分钟、小时或天数),这对在线过程控制有益。该图将显示最近实测值加上历史上用户定义使用的时间长度
Minimum, Maximum	可从选项框中选择开始和结束的比例计算方法 • 自动(精确的):准确尺度的最低处或最高处对应最小或最大的绘图数据 • 自动(四舍五入):最小值或最大值来自绘图数据,但缩放可以扩展到下一个主要刻度 • 个别:可以输入用户定义的最小或最大的其他字段,在这种情况下要确保所有有用数据在图中可见

(三)文件选项 Y1 和 Y2

这两个界面上的设置适用于 Q(t)图中左右纵坐标 Y1 轴和 Y2 轴。由于操作是相同的,所以以下描述对 Y1 轴和 Y2 轴都适用。

Y1/Y2 轴具有以下控制:

✚	在列表中添加趋势线,并从列表中打开模板命令选择所需要的值
▬	从列表中删除显示突出的趋势线
⬆ ⬇	突出显示的趋势线是向上或向下的一条曲线,这将影响图例的排列
List of curves	列表中的曲线包含行的定义,其组成: • 绘制趋势图时,代表数量的 Y 轴可进行缩放,并由一个模板命令表示 • 图例文本 • 设定单位 突出显示(=选中)的曲线可以通过双击编辑行上的字段修改模板命令和说明
Label	自动创建的曲线可在列表中选择轴的最佳预设标记。如果粒径曲线已选定 Y 轴,标记和颗粒大小可以设置为默认值 预设标记可以修改和调整以满足用户的需要
Unit	自动创建的曲线在列表中选择坐标轴并默认单位,如果粒径曲线已选定 Y 轴,单位 μm 设置为默认值 默认单位可以修改和调整以满足用户的需要
Scaling	坐标轴可以选择线性或对数,并可进行缩放
Minimum, Maximum	最小和最大选项说明,请参阅 Q(t)曲线选项部分中文件选项 x

三、Sh(x)曲线选项

曲线组选择栏可以在关系图中设置代表曲线的属性。曲线组有各自工作页面的 3 个图标:

- 选择所绘制形状因子曲线的数据。
- 形状因子标准曲线图。
- 一个形状因子图可以布设六条统计曲线：
  - 平均值；
  - 标准差；
  - 平均值 + 标准差；
  - 平均值 - 标准差。

四、Cf(x)曲线选项

曲线组选择栏可以在关系图中设置曲线属性。曲线组各自的工作页面有两个图标：

- 选择要绘制的相关函数图数据。
- 相关函数标准曲线图。
- 合适范围。在新绘制的曲线中，合适区域可用颜色突出显示。

（一）相关函数关系图的数据定义

相关函数关系图中的配置数据可用 3 个选项表示，分别分配给 X、Y1 和 Y2 三个轴。

（二）文件选项 X

文件选项 X 页面上的设置适用于相关函数关系图中的 X 轴。

Content	可以不选择 X 轴的内容，但延迟是固定的
Label	X 轴的标记可以进行编辑，例如，"T"或"延迟时间"
Unit	可从列表中选择所需单位 **请注意**：最高处或最低处（见下文）的单位设置不能转换
Scaling	缩放模式取决于 Y 轴的内容，不能设置，只能显示
Minimum, Maximum	可从选项框中选择开始和结束的比例计算方法 • 自动（精确的）：选择最低或最高准确尺度相对应的最小或最大绘图数据 • 自动（四舍五入）：最小值或最大值来自绘图数据，但缩放可以扩展到下一个主要刻度 • 个别：可以输入用户定义的最小或最大的字段。在这种情况下，要确保所有有用数据在示意图中可见

（三）文件选项 Y1

文件选项 Y1 页面上的设置适用于相关函数图左边纵坐标 Y1 轴。

Content	各种相关函数的表示形式在下拉列表中。Y1 轴总是实轴，Y2 轴可以是虚轴
Label	当选择内容时，预设 Y1 轴的刻度，然后编辑适应用户的首选项
Unit	根据不同内容，从下拉列表中选择 Y1 轴法定单位
Scaling	根据内容，自动设置缩放模式，但只能显示
Minimum，Maximum	最小和最大解释请参阅 Cf(x) 曲线选项部分中文件选项 x

（四）文件选项 Y2

文件选项 Y2 页面上的设置适用于相关函数图的坐标轴 Y2，目前还没有 Y2 轴的表示形式。

第四节　标准曲线设计

标准曲线设计界面的图表选项对话框中包含用于创建新的曲线图的标准曲线。

标准曲线：

- 大小分布 Q(x) 图；
- 趋势曲线 Q(t) 图；
- 形状因子曲线 QICPIC Sh(x) 图；
- NANOPHOX 相关函数曲线 Cf(x) 图。

相对于特殊曲线，例如质量控制或统计结果，标准曲线的数量可能会有所不同，这取决于用户的设置，甚至可以通过“滚动”图去掉原有曲线插入新的曲线。请参阅本章第一节分组曲线。

一、曲线的缺省属性

WINDOX 图中的每条曲线都基于一些固定的点，把所选的点连接起来形成曲线。这些点通常是测量值或计算值。

Connection	曲线的点可以 • 连接成曲线（光滑连接，平缓过渡） • 连接成折线（点之间按顺序连接成直线）

Use dynamic colour change	选用此复选框的切换模式。对于新添加的曲线,属性可以借助调色板进行定义 静态是默认模式。每条曲线保持其指定的颜色、符号形状。如第一条曲线,进入第一个调色板条目;第二条曲线,进入第二个调色板条目等。如果添加一条新的曲线,较原有曲线属性保持不变。当添加的曲线数目超过调色板数目时,返回到第一个调色板,进行符号形状和填充颜色的重新组合,创建独特的颜色和符号 动态意味着指定的曲线属性按先后顺序排列。最新的曲线始终获取颜色 1,第二条曲线获取颜色 2 等。当添加一条曲线时,此前所有曲线获得的属性与调色板有关。当曲线数目超过调色板数目时,最初的曲线将保留调色板最后一个颜色条(例如颜色从浅到暗)。这个过程可以显示,而且可以控制 特殊曲线,始终保持其属性
Limited number of standard curves	标准曲线的显示数量是有限的。如果启用了限制,则每条新创建的曲线将替代最初的一条曲线
Use first data point at scaling	使用激光衍射法粗范围测量的粒度大小分布的第一点,可以添加到对数坐标 X 轴,例如,如果第一点为零点,正确选择 X 轴,为了有一个更好的分辨率,X 轴左边不一定绘出。如果再绘制适用 X 轴坐标,不考虑缩放计算

二、线型和符号大小

所有的标准曲线共有这些属性。只有个别特殊曲线与个别设置可能有所不同。

Line type	曲线可以选择不同线型(虚线、普通线、粗线、加黑、虚线组合等)
Symbol size	可以选择没有符号或者 5 个不同大小的符号

三、数据序列显示模式

对话框底部的调色板是用来自动设置(静态或动态,见上文)曲线属性的。例如,标识关系图曲线的图例,设置每个字段,填充符号颜色。

Shape	有 18 个不同类型的符号可用:5 种平面形状,空的(▽),填充曲线的颜色(▼),或填充其他颜色(▼),外加 3 个十字型标志
Fill colour	打开调色板颜色,将选定的颜色填充满符号
Curve colour	为连接线的符号打开一个调色板

四、曲线属性设置

对于个别曲线属性,使用上下文菜单选项,单击鼠标右键显示曲线属性,调用对话框进行选择：

- 各条曲线上的点；
- 如果曲线包含可显示的图例，则是指定的曲线图例。

曲线属性设置对话框包含以下控制：

Show curve in legend	如果选用了此复选框，图例解释此曲线
Automatic/individual settings	每条新曲线图是自动默认的。也就是说，它的属性设置遵循以上所述规则 如果选用单选按钮，则可以手动设置每个单一属性。相应地选择线型和颜色，以及符号类型、大小和颜色
Copy	将相同的属性分配给不同的曲线
Paste	如果使用复制按钮，将该曲线的属性复制到 Windows 剪贴板。关闭该对话框并重新打开另一条曲线，使用粘贴按钮可以将剪贴板中存储的属性分配给该曲线

五、曲线删除

要删除上下文中的曲线，可以使用图中选项删除单一曲线。这有助于删除不需要的曲线和重新生成整个图。

六、曲线分组

如果图中包含的测量结果是相同条件下进行的，可以定义各条曲线的图例，并通过下列程序进行：

- 打开对话框，把第一个曲线组中的第一条曲线属性复制到剪贴板上；
- 关闭该对话框并重新打开该组的其他每条曲线，将剪贴板曲线属性逐条粘贴到曲线上；
- 关闭该对话框之前禁用复选框，显示的图例为第一个曲线组所有。

上述方式可以不包含任何冗余图例内容，易于读图。

第五节　特殊曲线布设

与标准曲线相区别的特殊曲线（如统计曲线）是针对特殊目的定义的（如质量限制）。可以布设特殊曲线的个别属性，并显示启用或禁用。如果启用，它们的图例文本始终会出现在标准曲线顶部的图例框中。

可用的特殊曲线布设属性如下所示。

一、曲线线型和颜色

WINDOX 图中的每条曲线都是基于一些固定的点的，通常是测量数据或计算值，可以把这些点连接成曲线。

Line type	不同线型(无线、细线、粗线、虚线、点画线和组合)供选择
Curve colour	打开调色板,选取符号之间的连接线颜色

二、符号及其属性

标记曲线固定点的符号有助于确定曲线的图例。

Size	可以选择无符号或5个不同大小的符号
Shape	有18个不同类型的符号可以选择使用:5种平面形状,每个可以是空的(▽),也可以填充曲线的颜色(▼),或者填充其他颜色(▼),另外还有3个十字型标志
Colour	打开调色板为符号填充颜色,所选用的颜色用于填充选定形状的符号

第六节 图的布设

图的布设选择栏允许设置绘图坐标系,并绘制曲线。它有4个图标:

- 轴线布设;
- 网格线布设;
- 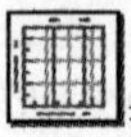垂直辅助线布设;
- 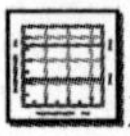水平辅助线布设。

这些属性对于所有基本类型的图都是相同的。

一、图的坐标轴设置

图的坐标轴设置页面图选项对话框包含坐标系中轴的布设。分为4个选项,分别分配给X、Y1、Y2和Z四个轴,另外还有常规设置的一个选项。

(一)所有轴线的通用属性

Axis line type and colour	轴线可以是正常或粗体线型,并可以从操作系统的调色板选择它们的颜色
Main tick type and colour	设置主要刻度,即相同属性可以设置一个缩放值

subtick #1 /#2 #3 type/colour	子刻度的第一、二、三个命令都放在主要刻度和“round”函数给定参数值的整数值之间。这取决于可用空间和刻度范围,以及使用最多的子刻度
Background colour outside/inside	坐标系内/外的背景颜色可以从操作系统的调色板选择
Margins to the graphic area	坐标系的边界定在顶部、底部及左、右边缘

(二)X 轴、Y1 轴、Y2 轴和 Z 轴的布设

下文解释共有属性可以设置相互独立的 4 个轴。Z 轴用于三维视图。更多的属性在后面进一步介绍。

Label font	轴的标签是此轴缩放的文字说明。其字体定义可以单独从操作系统的字体对话框中选择
Tick font	每个轴的主要刻度的字体缩放可以单独定义
Tick pitch	可以从列表中选择各不相等的 5 个刻度等级
Show label plus unit	如果启用了此复选框,则物理单位附注到标签。如果用户要使用自己指定的单位标签,必须禁用它。在这种情况下,该程序可以不检查用户指定定义是否正确

(三)设置三维视图的 Z 轴

假设三维视图的布局在以下设置时可以个别调整:

Height of Y axis/Diagram height	Y 轴占视图高度的百分比同样适用于 Z 轴占视图高度的百分比
Angle alpha to X axis	X 轴和 Z 轴所形成的角定义为夹角
Complete cube	如果启用了此复选框,则三维视图已完成立方体组成的坐标系
Cube colour = Axis colour	默认情况下,立方体边缘颜色为灰色。如果启用了该复选框,则边缘线将具有相同的颜色

二、图的网格布设

图的网格布设页图表选项对话框中包含坐标系网格的布局属性。

Line type	网格线的线型可以是实线或粗体线
X pitch	X 轴网格线间距分为 5 个不同等级,可以从列表中选择
Y pitch	Y 轴网格线间距分为 5 个不同等级,可以从列表中选择
Colour	网格线的颜色,可以从操作系统的调色板选择

三、图中的辅助线

可以给图定义水平或垂直辅助线,例如趋势图极限指标或特殊比例的分布图。这些水平和垂直的辅助线在两个不同的页面上定义,其操作完全相同。所以,本节中的描述都有效。

(一)数值

水平或垂直的辅助线是由单一值(X 值或 Y 值)定义的一条直线。创建新的辅助线,可以通过对话框输入一个值,并使用添加✚、删除━和编辑按钮,添加到列表中。

虽然图中不能标示太多的线,但是列表中对于线的数量没有任何限制。

(二)外观

所有常见辅助线的外观可以由其标签标示。

Line type	可以选择不同的线型(细线、实线、粗线、虚线、点画线组合)为辅助线
Colour	可以从操作系统的调色板选择辅助线的颜色
Label position	辅助线的标签包含 X 值或 Y 值,通过辅助线显示。它也可以放置在 • 坐标系的内部或外部 • 左侧的一条水平线/底部的一条垂直线 • 右侧的一条水平线/顶部的一条垂直线 可以通过选择列表设置这些选项
Label font	借助操作系统的字体对话框可以选择标签字体

四、图例和文本框

可以设置图例及文本框的属性,并在图中显示。

图例框中包含对自动生成的单一曲线的注释。

Q(t)图例的内容是根据 Q(t)图的数据自动定义的。Q(t)图例包含曲线和曲线缩放两部分说明,这两部分可以独立启用或禁用。

所有其他类型图的图例内容是使用图表图例配置定义。

图例布局章节介绍图例框配置。

其他 3 个文本框,例如标题、副标题和注释,它们和所有类型的图表设置是相同的,在图文本框布局章节中介绍。

(一)图例配置

图例(除 Q(t)图外)可以借助图例配置对话框进行配置。

在工作页面上显示当前图例配置的列表。列表中每行表示图例框中由模板命令定义的列。每行的条目具有以下含义:

Command	模板命令定义的值
Description	图例中标题的值
Unit	如果模板命令生成一个数值,并且此值具有度量的物理单位,标题栏会显示该单位

图例框中的内容可以借助以下命令：

+	定义一个图例项并添加到列表中。打开模板命令列表，可以选择和指定所需的定义。模板命令列表包含图例的所有命令，即数值和字符串
−	从列表中删除显示突出的一个图例
双击列表行	可以编辑显示突出的图例，并可以修改模板命令及其说明
↑ ↓	显示突出的图例在列表中向上或向下移动，这会影响图例框中列的顺序

(二)图例布局

图例框包括以下部分：

行首(Head line)	第一行为标题，第二行为测量单位
特殊曲线(Special curves)	图例的每一行代表一条特殊曲线。当在图中添加标准曲线时，此行不滚动，但始终显示
曲线(Curves)	图例的每一行代表一条标准曲线。当在图中添加标准曲线时，此行滚动，添加曲线的数目超过限制的情况见下文

可选隔离线分别布设这 3 个部分，并可以单独定义和使用下述操作。

1. 边框

这里可以定义整个章节图框布设。

Border liners	边框线可以选择实线或粗体线。另外，单一框线也可以用实线
Border colour	可以从操作系统的调色板中选择边框线的颜色
Show shadow	如果启用了此复选框，可以在图框中得到假设的三维坐标阴影效果

2. 标题

Font	借助操作系统字体对话框选择标题的字体
Background colour	可以从操作系统的调色板中选择标题的背景颜色

3. 特殊曲线

Font	特殊曲线图的字体可以通过操作系统字体对话框选择
Background colour	可以从操作系统的调色板中选择特殊曲线的背景颜色

4. 曲线

Font	借助操作系统的字体对话框可以定义标准曲线图的字体
Background colour	可以从操作系统的调色板中选择标准曲线图的背景颜色
Max. number of entries	可以设置最多曲线的数目。如果超过此限制将滚动和删除最初曲线，并产生新的曲线附加在底部的列表中。此限制是针对图中独立的标准曲线

（三）图表中的文本框布局

图表的另外3个文本框可以单独启用和配置，例如标题、副标题和图表注释。可以为3个文本框分别设置以下属性：

Text	在各文本框中输入用户定义的文本
Font	借助操作系统的字体对话框选择文本框的字体
Background colour	可以从操作系统的调色板中选择文本框的背景颜色
Border lines	边框线可以选择为实线或粗体线
Border colour	可以从操作系统的调色板中选择边框线的颜色
Show shadow	如果启用了此复选框，可以得到文本框中的假设三维坐标阴影效果

第九章　WINDOX 报告输出

第一节　概　述

用数字报告的形式表征测量结果称为 WINDOX 报告。报告可以显示、打印或写入文件，通过串行通信端口或 TCP/IP 端口进行传送。

WINDOX 报告中不仅包含了数值和图表，而且关系到是否能够生成图形。

WINDOX 报告可以有两种模式：输出单个测量结果或输出统计测量结果。

一个屏幕报告可以提交到报告输出窗口，不同报告可以分别连续叠加到输出窗口。输出窗口被设置成用户自定义的报告。

如果打印一个报告，页面布局是通过报告模板设置的。

如果需要保存报告，用户可以选择纯文本或 RTF 格式。纯文本格式不存储格式信息和图形。此外，用户可以选择添加或覆盖输出的报告文件。

一、生成报告

一个报告的内容和布局是由报告模板控制的。通常报告模板通过模板命令进行输出。如果生成一个报告，通过模板命令从数据库中读取各自的值，并输出报告。使用报告编辑器创建报告模板，并存储在文稿演示数据库中。

二、报告模板的选择

利用树状结构的报告编辑器可以选择输出不同报告模板。

第二节　报告输出窗口

报告输出窗口旨在显示应用软件或数据可视化程序，具有以下功能：

- 视图被放大或缩小的缩放系数。
- 报告可以打印成纯文本或以 RTF 格式存储在文件中。
- 由用户定义的报告数量确定输出窗口的容量。如果达到容量，则输出窗口将使用 FIFO（先进先出）缓冲区。这使最初的报告刷新并获得一个新的空间。

一、输出窗口菜单

报告的输出窗口主菜单分成文件、编辑、视图和其他。

（一）文件（File）菜单

选项	说明
Save as	作为纯文本格式或 RTF 格式，可以将报告输出窗口的内容保存在文件中，还可以选择文件对话框定义文件名 如果创建一个文本文件，则无法保存报告格式的属性
Page setup	打开页面设置对话框，定义打印机的页面布局
Print preview	在预览窗口中显示报告的输出内容及所有页面布局
Print	打印报告输出窗口的内容
Exit	关闭报告输出窗口

（二）编辑（Edit）菜单

选项	说明
Copy	将报告输出窗口选定的内容复制到剪贴板
Select all	报告输出窗口的整个内容处于选中状态
Clear	清除所有缓冲区的报告输出数据

（三）视图（View）菜单

选项	说明
Tool bar	如果选中该选项，则菜单栏会显示工具栏
Status bar	如果选中该选项，则在窗口较低的边框处显示状态栏
Zoom in	显示缩放系数增大
Zoom out	显示缩放系数减小
No zoom	显示缩放系数为百分之百

（四）其他（Extra）菜单

选项	说明
Options	打开报告输出对话框

二、状态栏结构

窗口底部的状态栏显示两个字段：

- 当前的缩放系数显示在第一个字段；
- 当前报告光标位置是在第二个字段后面跟着一个斜线，报告在缓存窗口中显示。如果缓冲区能力限于报告的最大数，会在方括号中表示此数字。

三、报告输出

报告输出对话框中可以设置报表输出窗口的容量。当达到指定的容量时最初的报告(在先进先出的方式)从顶部的窗口删除,并添加一个新报告。建议选用此模式时连续操作,以防止内存不足。

第三节 报告模板编辑器

根据用户的需求可以自由设定 WINDOX 报告的内容和布局。

报告模板中的文字处理器(MS 写字板兼容)在数据库中占位符,数值(模板命令)嵌入报告模板的文本中。

该报告编辑器是设计和修改报告模板的工具,它可以调用各自传感器相应按钮、控制窗口输出页。

报告编辑器窗口具有如图 9.1 所示菜单。

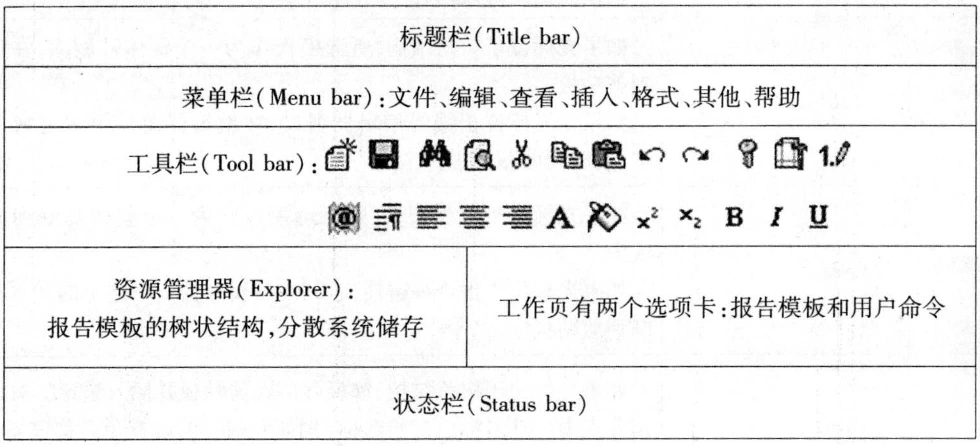

图 9.1 报告编辑器窗口

一、编辑器菜单选项

报告编辑器的主菜单分为:文件、编辑、视图、插入、格式和其他。

(一)文件(File)菜单

文件菜单选项作为一个整体。

New	光标在树状结构分支位置创建一个新模板,新模板显示在编辑器窗口,在那里可以进行修改
Save	将修改后的模板按照编辑器窗口中当前的名字保存,这个名字在树状结构中被高亮度显示
Save As	将修改模板以一个新名称保存在编辑器窗口中,打开一个对话框窗口输入新名称

Delete	删除当前提示的所选模板,然后进行确认
Rename	对当前选定的模板重命名
Import	将外部文件模板导入模板数据库中,参见模板导出和导入
Export	从应用程序数据库导出到外部文件,参见模板导出和导入
Print	仅报告模板:打开当前操作系统的对话框窗口进行文档打印
Print Preview	仅报告模板:在预览窗口中显示打印内容
Exit	完成报告编辑,可以将任何修改后的模板保存后确认

(二)编辑(Edit)菜单

编辑菜单命令取决于光标位置。如果光标位于树状结构,一个或多个命令模板将作为一个整体。如果将光标放在所选的报告 Q(t)模板工作面,只命令有关的模板内容。

Undo(仅报告模板内容)	要取消最近修改的报告文本时,只可以撤销一个修改
Redo(仅报告模板内容)	重建撤销的修改内容
Cut	如果光标位于树状结构,所选模板作为一个整体被删除,并转移到剪贴板 如果将光标位于报告编辑器窗口,在编辑器窗口中选定剪切文本,复制到剪贴板中
Copy	如果光标位于树状结构,则所选模板作为一个整体复制到剪贴板中 如果光标位于报告编辑器窗口,在编辑器窗口中选定的文本将复制到剪贴板中
Paste	如果光标位于树状结构,模板存储在剪贴板并插入选定的树状结构分支中。其名称由初始名称(例如#0)扩展,以避免名称重复 如果光标位于报告编辑器窗口,文本存储在剪贴板光标插入位置
Paste Special (仅报告模板内容)	如果光标位于报告编辑器窗口,文本存储在剪贴板插入光标位置,但没有格式属性
Delete (仅报告模板内容)	删除编辑器窗口中选定文本。相对于剪切,其不将选定内容转移到剪贴板中
Select All(仅报告模板内容)	选中编辑器窗口的整个内容
Find(仅报告模板内容)	用户定义的字符串搜索文字
Find Next (仅报告模板内容)	在下一个位置搜索相同的字符或字符串
Replace (仅报告模板内容)	用户定义的字符串自动替换另一个字符串

Template Selection…（仅报告模板内容）	此子项目菜单包含： ● 取消选中的命令：清除选定模板或所有模板的输出链接。例如，主要分支 HELOS 遵守此命令。清除所有链接，可能没有报告输出。常见的 leat 模板应链接到输出介质，以便打印或显示报告 ● 设置为初始状态：打开输出类型的所有链接，报告编辑器恢复到初始状态
Lock Template	选定切换模板写保护

（三）视图（View）菜单

视图菜单控制报告编辑器的查看属性，但不做任何模板处理。

Tree（仅报告模板内容）	显示或隐藏树状结构模板
Toolbar	显示或隐藏工具栏
Statusbar	显示或隐藏状态栏
Zoom In（仅报告模板内容）	放大字体，状态栏中显示缩放系数
Zoom Out（仅报告模板内容）	缩小字体，状态栏中显示缩放系数
No Zoom（仅报告模板内容）	文字大小设置为默认值（缩放系数为 100%）
Word Wrap（仅报告模板内容）	拆分超过窗口宽度的行，以便使它们完全可见
Refresh	从数据库中刷新视图

（四）插入（Insert）菜单（仅报告模板内容）

插入菜单有一个选项：

Object	不同类型的对象，例如图片、电子表格等都可以插入在光标位置

（五）格式（Format）菜单（仅报告模板内容）

格式菜单选项的 MS 写字板与当前模板文本的格式兼容，但具有某些扩展功能。

Font	打开字符格式对话框
Superscript	打开上标字符属性
Subscript	打开下标字符属性
Text Background Colour	打开对话框选择背景颜色
Paragraph	打开段落设置对话框，可以设置段落属性、对齐方式、缩进、间距、预览和编制表格
Page Style	打开页面格式对话框，可以设置方向、页边距、预览、页眉和页脚
Numeric Formats	打开全部模板命令格式对话框，可以设置全部模板命令格式，这种默认状态可以设置为选定的模板

（六）其他（Extra）菜单（仅报告模板内容）

其他菜单有 4 个选项：

Template Command	此选项可以把模板命令插入到文本中。打开模板命令列表，选择其中一个模板，并定义其参数。此命令会自动插入到文本的光标位置处
Add user comment	打开一个对话框，可以把一项添加到第二个选项卡的用户命令列表中： • 定义用户命令； • 定义用户命令的数量； • 输入该命令的注释 此外，在这里还可以打开模板命令列表，使用语法定义支持
Modify user comment	可以修改所选用户命令，其中输入的定义是以相同的方式描述以上选项，并添加用户命令
Check user comment	语法检查用户命令。检查出的错误最终在信息框显示

二、报告模板的树结构

现有的报告模板是由一个树状结构体系的每一个分支组成的。这种结构是固定的。

对于输出的分散系统操作参数（例如 RODOS 系统压力，CUVETTE 搅拌器速度），有必要对特殊的分散系统模板进行说明，输出的数据才有意义。

可以在树状结构的分支存储每个分散系统的特定模板。此外，通用模板可以存储在树的根目录中。

一般情况下，特殊分散系统模板随 WINDOX 安装。

（一）输出类型的连接模板

报告模板可以使用 6 种不同的输出类型，在复选框左下角报告编辑器窗口显示。

项目	显示	打印机	文件或通信端口（仅可视数据程序）
标准			
统计数字			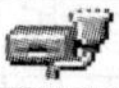

标准是由每个报告的一个测量结果所产生的。通过应用软件程序制作网页和输出，或程序统计数据可视化。

统计数字是由每个报告的多个测量结果所产生的，通过应用软件程序制作网页和输出，或程序统计数据可视化。

如果在树状结构选择一个模板，通过 1 个或多达 6 个复选框检查一个或多个类型的输出。该模板链接到这个（些）类型的输出，图标表示检查标记。

可以链接一个分散系统不同输出类型的模板，并确定一个通用输出类型模板。如果在屏幕打印机，或文件/端口上输出报告，优先级逻辑程序开始搜索选择的分散系统，如果没有找到，回到通用模板的输出。

如果输出统计数字，选择分散系统特定模板是只考虑所有测量的统计数字，使其都使用同一分散系统；否则，直接选用通用模板。

如果没有选中一个通用模板，则按字母顺序，第一个通用模板用于特定输出类型。

用户很难在链接树状结构的所有分支的输出类型中查找模板。因此，可以借助两个全局命令清除选择或重置初始状态。

（二）其他函数

使用鼠标右键，打开上下文菜单，其中包含与整个模板中选项相对类似的有关模板文本部分。每个选项取决于光标位置。New（新建）、Save（保存）、Delete（删除）、Rename（重命名）、Cut（剪切）、Copy（复制）、Paste（粘贴）。

三、报告模板文本

当前报告模板的源文本显示在此页面的报告模板编辑器中。如果用户有权编辑报告，可以修改（编辑）报告。

设置文本格式功能对应的是 MS 写字板。

上下文菜单（鼠标右键）提供以下编辑功能：撤销、恢复、剪切、复制、粘贴、全选、字体、下标、上标、段落、模板命令。

四、用户报告命令编辑

报告模板工作页面的第二个选项包含用户定义列表。该页面包含三个列表，工具栏上下文菜单（鼠标右键）用户命令，选择添加和修改用户命令，或在所选行上双击，然后进行定义。

ID	用户命令的数量（标识符）。它可以有 1 ~ 65535 任意数的范围。用户命令引用该模板中的编号，例如@ VAR(1)
User comment	定义用户命令必须是有效的模板命令，请参见下面的示例
Comment	说明所指定义

用户定义命令有助于减少输出值在报告模板文本中所占的空间。以下两个例子可以解释此功能的作用。

示例 9.1

包括所有参数的报告模板命令长度远大于打印结果。例如，标准差为 x_{10} 的体积分布，输出格式为一个数字，模板命令可以定义小数点前后的一个数字：

@ & $ xi.（10,3,"1.1f"）

输出可能较短，例如 0.1μ。

示例 9.2

用户定义的公式适用于计算结果。例如，相对宽度大小分布通常是指 $(x_{84}-x_{16})/x_{50}$，这是 WINDOX 报告模板公式

@ F.（"（@ xi.（84,3）－@ xi.（16,3））/@ xi.（50,3）"）

在示例 9.1 与示例 9.2 中，模板命令可能超出预留空间，而且它可能很难设计报告中所需表的列。因此，有必要定义用户命令。

例如用户命令的 ID 设置为 1,它是作为模板的源文本使用,如@ VAR(1)。这远小于最初定义的长度。

五、段落设置

(一)段落

可以从列表框对齐方式选择段落居中,以及左对齐或右对齐。

由第一行编辑字段选择左对齐或右对齐,可以调整段落缩进。设置左/右页边距和段落之间的间距。

编辑字段之前确定所选段落前后空间。两行之间距离在行距列表框选择,行间隔的编辑字段可以是有限或无限的。

(二)预览

格式的预览从列表框选择。可通过编辑字段设置预览的开始值在文本位置标记预览文字。

(三)选项

编辑字段下方的列表显示所有选项内容。将编辑字段输入新的选项位置,按设置按钮可以在列表中添加一个新的选项。单击一个选项,可以进行编辑或删除。删除是通过按钮清除的,可以删除列表中的所有选项。

六、全球数字格式报告

借助全球数字格式报告对话框从菜单栏调用报告编辑器,可以定义当前报告模板并设置输出格式全部为默认。设置和模板同时存储,因此它们只对此模板有效。

文件选项 Q、dQ…指不同类别的值引用相同的方式与相应的格式命令。

除整数外的所有设置都有相同的组成部分,因此所有选项表的浮点类都有相同的输入栏。它们与模板命令列表中的数值格式相同。

七、模板的导出和导入

函数导出和导入的目的是交换报告和 Q(t)模板之间不同的 WINDOX 安装,甚至是不同的版本。导出函数将存储在可以导入外部文件的 WINDOX 的其他安装模板中。

(一)导出

导出模板有两个操作步骤:

(1)在对话框窗口的检查列表中显示导出模板的文件名。文件名由传感器类型(例如 HELOS)名、分散系统(例如 RODOS)名和模板名组成。可以选择单个模板或上下文菜单(鼠标右键)的命令之一,进行检查或全部取消。

(2)在目标目录中必须注明创建外部文件。

确认后确定执行导出。创建一个外部文件模板,后缀的文件名取决于模板类型。

- WXR:报告模板。
- WQX:粒度分布图模板。
- WQT:趋势图模板。

• WSX：形状图模板（QICPIC/PICTIS/PICTOS）。

（二）导入

打开文件选择对话框的一个或多个模板，选择导入文件。这里只显示正确的文件。

确认后确定执行导入。导入的模板名称和它的文件名来自树状结构中的位置，并应符合导出函数规则。

如果已经存在一个模板名称，为了避免重名，可以把#号和数字添加到导入模板名称中。如果重命名的模板是一个关系图模板，并且最终用模板命令@ GRAPH、@ TREND 或@ SHGRAPH 之一导入模板，这可能会影响报告模板的功能。

第四节　ACPLT/KS 网络服务器

WINDOX 5 应用软件程序设计应符合 ACPLT/KS 数据服务器标准。

输出值路径名的表示：

ACPLT/KS 网络共享<HOSTNAME>，<SERVICENAME>和<VARIABLENAME>，用户定义应用软件程序 ACPLT 和子菜单 Extras。

示例 9.3

如果在网络中计算机的名称是“MYPC”，并且服务器名称是“WXSERVER”，查找最近的测量值时，可以依据//MYPC/WXSERVER/results/MTIME，MTIME 是指定的默认变量，如果需要可以重命名。

第十章　模板命令

第一节　模板命令的基本功能

模板命令可以检索 WINDOX 存储的测量数据(累积分布、测试描述等),目的是创建用户指定(如输出各种多媒体)的模板命令,如:

- 数字字母报告;
- Q(x) 图表;
- QT 图中的曲线;
- ACPLT 站点中的变量。

可以从不同的编辑或配置对话框调用模板命令一览表,这样有助于选择输出和配置格式的数值。

模板命令排列如下:

@[showunit][stat][length]command(parameter,parameter,...,["format",unit])

启动每个模板命令,一个@后面跟着一个或多个选项(指定[ ],必须使用[ ]),最后是(强制性)命令字符串。

模板命令在括号()中可能有参数。强制性参数在前,可选参数在后或省略。

模板命令分为以下几种类型:

- 数值;
- 字符串;
- 格式命令;
- 其他命令。

在后来的报告输出时,当前模板命令值替代被求值。格式命令仅仅被处理,然后被删除。

所有数值命令可以添加格式,定义此数值为强制参数。另外,很多数值可以输出不同的物理单位,最终可以选定一个单位作为参数的单位标识符。

一、选项

选项分为三类,如下表所示:

选项	说明
[showunit]	当数字模板命令显示单位时,显示的数值尾随单位(如模板命令的值有一个单位),单位选项调用一个“&”
[stat]	统计信息输出的选项中,以绝对标准差或相对标准差的统计值取代平均值 $表示绝对标准差 $(%)表示相对标准差(绝对标准差/ 平均值)百分数 **请注意:**相对标准差输出格式始终是 FFLO $ - 表示平均值减去标准差 $ + 表示平均值加上标准差 - 表示最小值 + 表示最大值
[length]	确定长度要显示的字符串。可以设置最大值或确切的字符串。如果字符串可以缩短,由两个尾随点(..)表示 [n] 显示 n 字符。如果实际字符串长短不同,可以缩短输出字符串或填充空格 [- n] 显示最长的 n 个字符串

示例 10. 1

@[- 10]PNAME @ FX("1.2f") @ &xi.(50,3) @ FX("1.4f") @ &xi.(50,3)

or

@[- 10]PNAME @ &xi.(50,3,"1.2f",2) @ &xi.(50,3,"1.4f",2)

yields

SiC - F120.. 4.25 μm 4.2540 μm

二、参数格式

大多数情况下,强制参数格式可以插入模板命令。若要保持表格模板命令精简,可以不提及参数格式。如果省略,则使用全球默认格式中的“格式”命令。例如,在上面的示例 10.1中的“1.4f”,定义了小数点后最小的一位数和四位数。格式定义规则将在数字格式模板章节介绍。

三、参数单位

许多数值可以输出不同的单位,然后在右方括号前插入最后一个参数的单位标识符。如果省略单位标识符,则默认单位在列“单元”中列出。

在@ &xi.(50,3,"1.4f",2) 序列中,数值 2 是作为长度单位微米的标识符。

下表是单位标识符的一些示例。它们只代表所有选定单位在 WINDOX 软件中的使用。请使用对话框模板命令列表,从每个模板命令的可用单位列表中选择。

物理量	可用单位
Fraction or relation	0 = 百分比 1 = 0,…,1
Length	1 = 纳米 2 = 微米 3 = 毫米 4 = 厘米
Temperature	1 = 摄氏温度 2 = 开尔文 3 = 华氏温度
Time	1 = 毫秒 2 = 秒 3 = 分 4 = 小时

第二节　模板命令列表

模板命令列表旨在选择或指定模板命令,它分为上下两部分页面:上半部分页面为选择列表,下半部分页面为规范命令。

一、模板命令选择

列表包括可用的模板命令。创建 Q(t)图模板时,只有数字输出命令显示在列表。列表包含以下内容:

列表	说明
Command	模板命令不包括任何参数,命令字符串
Description	每个命令的简要说明
Group	模板命令分几个组说明用途
Unit	如果模板命令表示一个数值,此列数值显示合适的单位(如有单位)
Format	数值输出时,选择合适的数字格式。可以由本地格式重新定义 变量字符串没有格式定义,可以指定其长度

通过单击标题列,可以按升序排序此列,这由标题中的小箭头符号指示。

二、命令参数设置

从列表中选择模板命令时，下面的命令和格式自动调整。最多显示 3 个文件选项，可以根据不同的模板命令使用（报告、Q(x)图或 Q(t)曲线）。

（一）文件标签——参数

如果需要调用参数，才会显示此页。其编号、类型和范围由个别命令控制。指定命令时，应检查参数之间的相关性。

（二）文件标签——公式

此页面只显示模板命令@F，几个按钮可以在行中间插入正确的数学运算符号和函数，并指定语法检查命令。

（三）文件标签——格式

此页面上定义本地的数值格式，包括不同的小数值和整数值。

1. 输出的最小位数

对于输出的最小位数，如果生成的位数比规定的位数小，则会插入空格，但最大位数不会受到影响。

2. 小数点分隔符后的位数（仅指浮点值）

小数点后面的最多位数。

3. 输出值类型（仅指浮点值）

浮点值输出可以是固定或科学记数法。

固定	浮点与固定小数点的输出
科学	科学记数法的浮点输出
自动	以上指小数点之后的值，被视为有效数字。如果此数字足以容纳所有位数，将使用固定的格式；否则，选择科学记数法，而且这一数字要四舍五入

4. 如果需要在输出中插入前置零(0)

如果输出结果是正确的、合理的，可以插入前置零（而不是空格）。

5. 输出的开始位置总是有加号（+）或减号（-）

即使值为正值，输出中都包括一个领先的符号（+或-）。

（四）文件标签——选项

此页面有助于定义输出选项，显示这些选项的类型。

第三节　WINDOX 4 和 WINDOX 5 模板命令的区别

WINDOX 5 中添加了数据输出的几项新功能：

(1)解释用户创建的公式，存储并应用于报告模板。它使用一个新的公式模板命令(@F.)。

(2)特定用户变量命令(@VAR)。

在这两个新功能帮助下，许多用户定义的公式，可以既简便又节省空间地放置在模板中。

(3)现在提出的粒度分布，不仅可以是体积分布(Q3)，而且还可以是数量分布(Q0)、长度分布(Q1)或面积分布(Q2)。

(4)由于扩展结果，线性插值计算密度分布就必须修改和完善。

旧：@ qi.(x1,x2)(分布密度，插入颗粒大小在 x1 和 x2 之间)。

新：@ qi.(x,n)。

请注意：以上不仅改变参数命令，而且也更改计算，结果可能有细微差别。

(5)相应命令@ qxi.(x,n)已创建计算密度分布的插值数。

(6)最后，可选参数可以把规范的字符串格式写入一个模板命令(例如 dQ.(15,3,"1.2f"))。不管是本地格式的技术规范，还是国际格式规范的报告模板，都用此模板命令。

(7)新的变量模板已使用，并在各章节中介绍。

由于这些强大的扩展功能，WINDOX 5 中的语法命令模板无法兼容 WINDOX 4。此外，某些多余功能已被取消，列表更改如下：

- 可不再支持以下模板命令，因为它们已用自制公式取代：
  @ M. FAK(i,k,R) = @ F.("R * @ M.(i,k)")
  @ Q3iL.(x,a,b) = @ F.("(a+1) * @ Qi.(x,3) + b")
  @ WQ.(p) = @ F.("(@ xi.(100 - p,3) - @ xi.(p,3))/@ xi.(50,3)")
  @ xgsd. = @ F.("sqrt(@ xi.(84,3)/@ xi.(16,3))")
  @ xiL.(p,a,b) = @ F.("(a+1) * @ xi.(p,3) + b")
- 每个 WINDOX 4 模板命令代表的粒度分布值(@ Q3...,@ q3...)不能编写“3”，并需要附加一个参数“数量度量值”(0~3)。例如，WINDOX 4 中@ Q3i.(50)对应于 WINDOX 5 中@ Qi.(50,3)。
- 之前的百分比选项不再起作用。如果输出的变量是理想的，默认为无量纲，可以表示为一个公式(例如@ F.(“Qx.(20,3) * 100”)%)。
- 这同样适用于默认的百分比情况，输出值范围为 0~1(例如@ F.("@ Qi.(50,3)/100"))。
- 因为第一个字符是规范格式，百分号(%)就没有必要了。因此，在当前跳过不会出现错误。
- 错误代码的模板命令已更改。

第四节 通用模板命令

本章节介绍一些模板命令和报告输出，这虽然不符合测量数据库的数值，但可以为其提供支持功能。内容包括：

- 模板命令格式；
- 错误代码的模板命令；

• 其他模板命令。

一、模板命令格式

数字格式模板命令取代当前值是由格式命令控制的。

格式设置可以定义为:

• 设置全球报告模板;

• 改变部分模板;

• 仅对单一输出值有效。

更多的本地设置优先于更具全球性的设置。

为了便于处理,数值分为两类相等的输出格式。对于全球格式和通过模板定义的格式,与单一输出格式无关。

(一)全球格式设置

全球数值格式设置是指利用对话窗口编辑全球数值格式报告。

(二)格式命令

设置全球数值格式可把格式命令插入到文本重写。随后,模板部分设置本地格式模板的有效期。

格式命令	类型	格式命令	类型
@FdQ("F")	分数	@Fq("F")	密度分布(线性)
@FFLO("F")	小数	@Fqx("F")	密度分布(对数)
@FINT("F")	整数	@FQ("F")	累积分布
@FM("F")	矩和值的派生	@FX("F")	粒径

(F)的规范格式命令总是包含双引号(")或单引号('),并有以下表示方式:

[符号][宽度][.精度]类型转换

技术规范的格式,可选一些元素(以上看到的[],如果使用,必须始终使用[])类型,但必须始终统一使用。下表中列出各单个元素。

元素	作用
[符号]	符号:控制调整元素输出,符号前可选零 -:输出正确的符号和填充前导零 +:总是开始就有加号(+)或减号(-)
[宽度]	宽度:控制最少的数字输出。如果产生一个比指定字符少的字符,则在前面插入空格或尾随空格。如果超过指定字符,则忽略该规定。在这种情况下的输出不被切断 n:输出最少的 n 个字符。如果需要,在前面插入空格 0n:输出最少的 n 个字符。如果需要,则会在前面插入零(0)

元素	作用
[精度]	控制精度的小数点。总是从最终的宽度元素前面利用小数点分开 .0:对于 e、E 和 f 字符不输出小数点 .n:输出 n 个小数位数。如果输出值超过 n 个数字,该值四舍五入
类型转换	控制字符类型转换输出 d:整数 i:整数 f:小数格式化为固定值的形式[-]dddd. dddd e:小数的科学记数法形式[-]d. dddde[+/-]ddd g:自动优选 e 或 f 格式。控制精度元素整数的有效数字,如有必要,只输出尾随零和小数点 E:对应 e,在 e 位置打印 E G:对应 g,最终在 e 位置打印 E

注:在统计输出模式中,模板格式命令 FINT 转换为格式命令 FFLO,并且输出相对标准差的模板命令也转换为 FFLO。

示例 10.2

@ FFLO("6.2f")

所有(FFLO)格式的小数设置为固定数字。该输出需要 6 个字符,并且小数点后有两位数字可以选择。

(三) XML 兼容格式

使用模板命令@ OUTFORMAT(1)可以生成兼容的 XML 报告。只有定义 XML 字符集中的字符,才可以输出和扩展字符(例如德语 umlaut 或希腊 charakters)编码。

模板命令@ OUTFORMAT(0)将报告的格式重置为默认值:所有字符都通过程序输出,并存储在数据库中。

二、错误代码的模板命令

如果执行模板命令时发生错误,在输出 WINDOX 报告时插入一条错误消息。不同的错误代码列举如下:

错误	说明
<E01,n>	参数 n 太小
<E02,n>	参数 n 太大
<E03,n>	无效参数 n 和 $n+1$ 之间的关系
<E04>	模板命令结果不可用
<E05>	计算结果无效
<E06>	计算结果太大
<E07>	光路系统的模板指令无效

错误	说明
< E08 >	分散系统的指令无效
< E09 >	指定的 Q(x)图模板命令无法使用
< E10 >	无效的模板指令格式
< E11 >	用户定义的非法嵌套的模板命令
< E12 >	指定的 Q(t)图模板命令 TREND 无法使用
< E13 >	Q(x)图图例的模板命令无效
< E14 >	进样器的无效指令
< E15 >	计算模式错误
< E16 >	缺少用户定义的变量
< E17 >	数字格式(例如用户定义参数)的错误类别
< E18 >	指定的 Sh(x)图模板命令 SHGRAPH 不可用
< E19,1 >	不允许在 LOOP...ENDLOOP 中循环 ENDLOOP
< E19,2 >	不允许在 FOR...ENDLOOP 中循环 ENDFOR
< E20,1 >	ENDLOOP 没有匹配 LOOP 命令
< E20,2 >	LOOP...FOR...ENDLOOP...ENDFOR 命令或其他非匹配循环命令
< E21,1 >	不允许在 FOR...ENDFOR 中设置 ENDFOR
< E22,1 >	ENDFOR 非匹配命令
< E23,1 >	FOR 命令开始值的错误处理
< E23,2 >	FOR 命令最终值的错误处理
< E23,3 >	FOR 命令增量值的错误处理
< E24 >	条码文本的错误处理
< E25,n >	将错误字符串转换成一个条形码。在附录中列出 n 是错误码。可能 n 值是 7035 ~ 7039
< E26 >	配置相关函数关系图的引用模板命令 CORGRAPH 不存在
< E98 >	执行模板命令未知的错误
< E99 >	执行模板命令时的内部错误

模板命令 ERRMODE 可用于取消插入的错误代码,例如模板可能包含并不存在的不同输出:

@ERRMODE(模式)	
说明	启用或禁用的错误代码被插入到输出报告中
参数模式	禁用错误代码模式 =0,启用其他(默认)错误代码

三、附加的模板命令

(一)新报告页

印刷的报告页面结构可以编程与命令。

命令	说明	单位	格式
@ NEWPAGE	打印报告时插入分页符。此命令不影响显示报告	—	—

(二)简单字符串的输出

一些有用的信息可通过下表中的命令得到,与测量数据无直接关系。

命令	说明	单位	格式
@ COMPUTER	网络域计算机的名称	—	—
@ DATE	当前系统日期	—	—
@ DBMEAS	测量数据库的名称	—	—
@ DBTMPL	模板数据库的名称	—	—
@ MTZONE	测量时区,例如 GMT +02:00(东二区)	—	—
@ NETUSER	当前用户登录名,包括网络域名称	—	—
@ RTZONE	仅指 OPUS:参照的测量时段,例如,GMT +02:00	—	—
@ TIME	当前系统时间	—	—
@ TMPLNAME	生成的输出报告模板名称	—	—
@ TMPLLOU	日期、时间和上次模板修改人	—	—
@ USER	当前用户姓名	—	—
@ YEAR	本年度	—	—

(三)报告中的图表

以下这些模板命令,可以帮助将图表放在报告中。

1. @ GRAPH("T",W,H[,O])

说明	将一个 Q(x)图插入到输出报告。此命令不在文本输出模式(.txt)中使用
参数 T	图模板名称
参数 W	图宽度以 cm 计
参数 H	图高度以 cm 计
参数 O	方向(0 = 水平,1 = 垂直)

示例 10.3

(1)报告模板命令:@图("图例",10,6,0)。

(2)结果:Q(x)图模板的输出报告中指定的分布图图例如图 10.1 所示。

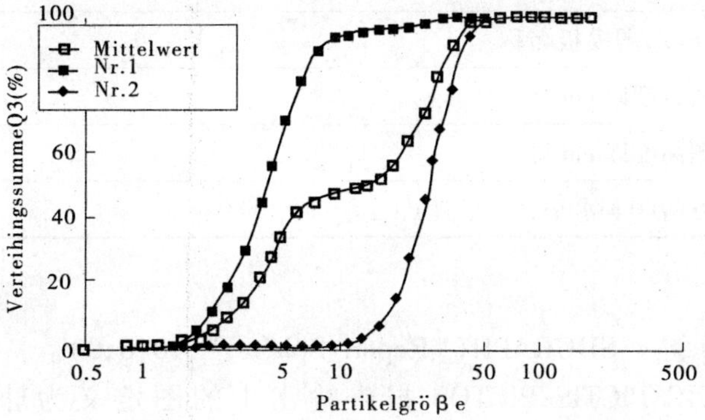

图 10.1

2. @TREND("T",W,H[,O])

说明	将一个 Q(t)图插入到输出报告。如果没有 Q(t)图模块,此命令不可以用文本输出模式(.txt)
参数 T	Q(t)图模板名称
参数 W	图宽度以 cm 计
参数 H	图高度以 cm 计
(可选)参数 O	方向(0 = 水平,1 = 垂直)

示例 10.4

(1)报告模板命令:@TREND("statistics_Q3",10,6,0)。

(2)结果:Q(t)图模板中输出报告指定的趋势图(见图 10.2),即 statistics_Q3。

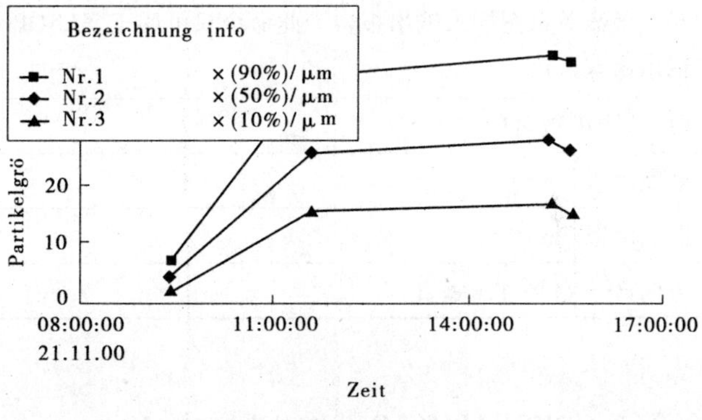

图 10.2

3. @ SHGRAPH("T",W,H[,O])

说明	将形状图插入到输出报告。此命令只可用于图像分析结果,但不是在文本输出模式(.txt)
参数 T	Sh(x)图模板名称
参数 W	图宽度以 cm 计
参数 H	图高度以 cm 计
(可选)参数 O	方向(0 = 水平,1 = 垂直)

示例 10.5

(1)报告模板命令:@ SHGRAPH("Report_Sph(x)",10,6,0)。

(2)结果:QICPIC/PICTIS/PICTOS 报告输出中的图定义为球体 Sph(x)图(见图 10.3)模板,即 Report_Sph(x)。

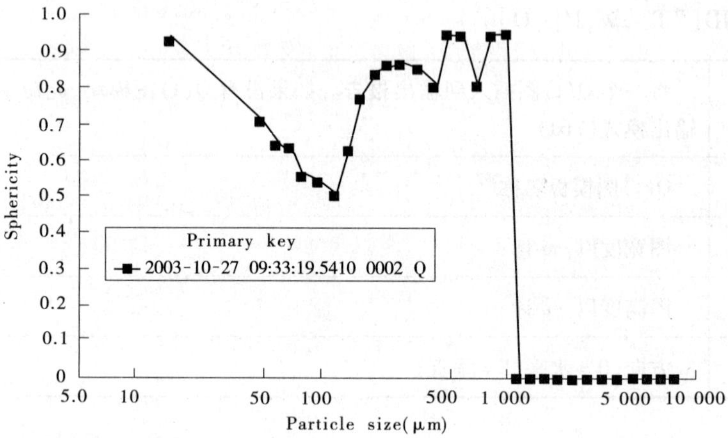

图 10.3

4. @ CORGRAPH("T",W,H[,O])

说明	相关函数关系图插入输出报告。此命令只可用于 NANOPHOX 结果,但不是在文本输出模式(.txt)
参数 T	Cf(x)图模板名称
参数 W	图宽度以 cm 计
参数 H	图高度以 cm 计
(可选)参数 O	方向(0 = 水平,1 = 垂直)

示例 10.6

(1)报告模板命令:@ CORGRAPH("Report_Sph(x)",10,6,0)。

(2)结果:在 NANOPHOX 输出报告中的相关函数图,定义为 Cf(x)图(见图 10.4)模板，即 Report_Sph(x)。

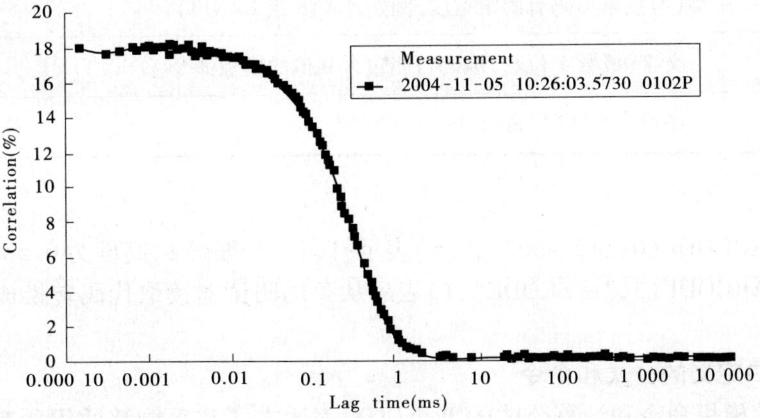

图 10.4

（四）条形码输出

输出条形码的目的是为用户打印定义的 ASPIROS 样品标签，可以从内置的条形码阅读器读取。

@BARCODE(type，"text"，height)

描述	如果打印报告，需要创建一个条形码，条形码的宽度取决于编码文本或条形码类型(有些条形码有固定宽度，例如，EAN8 或 EAN13)
参数类型	支持的一些条形码类型如下所述。 0:EAN8 1:EAN13 2:EAN128A 3:EAN128B 4:EAN128C 5:Code128A 6:Code128B 7:Code128C 8:Code39 9:2 of 5 interleaved 10:2 of 5 industrial 11:UPC A 12:UPC E0 13:UPC E1 14:Codabar

描述	如果打印报告,需要创建一个条形码,条形码的宽度取决于编码文本或条形码类型(有些条形码有固定宽度,例如,EAN8 或 EAN13)
参数文字	文字(或数字位数)编码可能包含其他的模板命令
参数高度	条形码高度以 cm 计

示例 10.7

(1)@ BARCODE(0,"1234567",0.5)表示打印一个编码 8,高度为 0.5 cm。

(2)@ BARCODE(3,"@ SCODE",1)表示从条码阅读器读取代码转换成“EAN128B”条形码。

(五)用户定义的公式和命令

介绍自编模板命令和计算公式的 WINDOX 表达方式几乎能够适用所有用户特定的目的。

1. @ F. (“formula”)

说明	返回用户定义的公式。计算结果必须是小数
参数“formula”	定义的公式包含字符串、引号。用正确的语法编写公式定义。如果定义的公式占用空间,最好定义用户特定模板,然后放在报告模板中

2. @ VAR(ID)

说明	返回用户定义的报告模板命令。报告模板编辑器是编辑及储存用户指定命令的选项
参数 ID	每个用户特定的命令可以用来定义数字标识符,并把标识符作为参数

(六)循环命令

循环命令以特殊的方式处理报告模板,一般是输出创建的文本需要循环定义。由于这一点,打印报告的长度视选定的输出数据而变化。

1. @ LOOP... @ ENDLOOP

描述	重复循环命令使@ LOOP 和@ ENDLOOP 每一行的测量结果可以作为一个单独的报告输出,但只有一个循环命令是在报告模板中使用

示例 10.8

(1)报告模板命令:

```
Date      Time      x10          x50          x90@ LOOP
@ MDATE   @ MTIME   @ xi. (10,3) @ xi. (50,3) @ xi. (90,3)@ ENDLOOP
```

(2)结果:输出三个测量的统计报告。

Date	Time	x10	x50	x90
21.11.2000	09:24:23	2.11	4.07	7.55
21.11.2000	09:24:34	2.05	3.89	6.63
21.11.2000	09:24:44	2.11	4.07	7.55

2. @NX

说明	各组的粒度分布值可以最有效地使用 FOR... ENDFOR 循环定义

3. @SC. NX(类型)

说明	各组的形状曲线(形状的大小)值可以最有效地使用 FOR... ENDFOR 循环定义
参数类型	1 = 球形,2 = 长宽比,3 = 凸

4. @SD. NS(类型)

说明	各组的形状分布值可以最有效地使用 FOR... ENDFOR 循环定义
参数类型	1 = 球形,2 = 长宽比,3 = 凸

5. @FOR("begin","end","increment")... @ENDFOR

说明	FOR 命令重复@FOR 和@ENDFOR 之间的行循环。循环变量赋予开始值,并逐步循环递增,直到大于结束值 开始、结束和增量都可以使用由用户定义的公式,即没有必要使用@F 命令 循环变量可以参照内循环@i(offset),其为一常数,可以添加到当前循环变量的值。使用偏移量,可以在同一行连续计数,从而可以使用四舍五入 • ceil(...)(大的整数编号) • floor(...)(小的整数编号) 例如:@i.("2 * ceil(@NX/8)")。此循环定义是报告模板中最有用的可变长度的设计表,对于 QICPIC/PICTIS/PICTOS 或 OPUS 测量,模板命令@NX、@SC. NX 或@SC. NX 用于定义循环的结束值

示例 10.9

(1)报告模板命令:

i x_i Q_i i x_i Q_i

@FOR("1","@NX","2")

@i(0)@x.(@i(0))@Q.(@i(0),3) | @i(1)@x.(@i(1))@Q.(@i(1),3)@ENDFOR

(2)结果:可变长度的表,每行包含两列循环变量 i、粒度大小 x 以及相应的 Q3 值。

i	x_i	Q_i	i	x_i	Q_i
1	0.11	0.25	2	0.14	0.57
3	0.18	0.96	4	0.22	1.45
5	0.28	2.06	6	0.35	2.81
⋮	⋮	⋮	⋮	⋮	⋮

第五节　计算结果模板命令

计算结果模板命令可分为:

- 所有类型的传感器得到的结果;
- QICPIC/PICTIS/PICTOS 图像分析的特定结果;
- NANOPHOX PCCS 分析的特定结果。

粒度分布数据和其他结果的模板命令

本节包含的结果(少数例外)是所有类型的传感器常见的模板命令。

命令	说明	单位	格式
@C.OPT	HELOS/QICPIC 光学浓度(%)	—	FFLO
@C.VOL	OPUS 体积浓度(%)	—	FFLO
@D.(p,q)	像 Alderliesten 建议的时间比例 p,q:按时间顺序编号的密度分布(q0)	—	FFLO
@dmq.(n)	线性分布密度最大值 n:质量测量值(0 = 数量,1 = 长度,2 = 面积,3 = 体积,10 = NANOPHOX 强度)	1/mm	Fq
@dmqx.(n)	对数分布密度最大值 n:质量测量值(0 = 数量,1 = 长度,2 = 面积,3 = 体积,10 = NANOPHOX 强度)	—	Fq
@dmx.(n)	线性分布颗粒最大值 n:质量测量值(0 = 数量,1 = 长度,2 = 面积,3 = 体积,10 = NANOPHOX 强度)	μm	FX

命令	说明	单位	格式
@ dmxg.(n)	对数分布颗粒最大值 n:质量测量值(0 = 数量,1 = 长度,2 = 面积,3 = 体积,10 = NANOPHOX 强度)	μm	FX
@ dQ.(k,n)	百分数(分级粒径百分比,%) k:粒径级,分为{1,2,…,31} n:质量测量值(0 = 数量,1 = 长度,2 = 面积,3 = 体积,10 = NANOPHOX 强度)	—	FdQ
@ dQi.(x1,x2,n)	分级粒径百分比插值(%) x1:下一级粒子大小(μm) x2:上一级粒子大小(μm) 且 0 < x1 < x2 n:质量测量值(0 = 数量,1 = 长度,2 = 面积,3 = 体积,10 = NANOPHOX 强度)	—	FdQ
@ dxi.(p1,p2,n)	带宽 p1:下限百分比 Q_n p2:上限百分比 Q_n 0 < p1 < p2 < 100 n:质量测量值(0 = 数量,1 = 长度,2 = 面积,3 = 体积,10 = NANOPHOX 强度)	μm	FX
@ M.(i,k)	时间分布 i:时间顺序 k:测量数量分布	—	FM
@ M. SM	质量比表面积	cm^2/g	FM
@ M. SV	体积比表面积	m^2/cm^3	FM
@ Q.(k,n)	累积分布(%),粒径级上限 k k:粒径级,分为{1,2,…,31} n:质量测量值(0 = 数量,1 = 长度,2 = 面积,3 = 体积,10 = NANOPHOX 强度)	—	FQ
@ Qi.(x,n)	累积分布(%),粒径 x 插值 x:粒径(μm) n:质量测量值(0 = 数量,1 = 长度,2 = 面积,3 = 体积,10 = NANOPHOX 强度)	—	FQ

命令	说明	单位	格式
@q.(k,n)	密度线性分布 k:粒径级,分为{1,2,…,31} n:质量测量值(0=数量,1=长度,2=面积,3=体积,10=NANOPHOX强度)	1/mm	Fq
@qi.(x,n)	密度线性分布,粒径x插值 x:粒径(μm) n:质量测量值(0=数量,1=长度,2=面积,3=体积,10=NANOPHOX强度)	1/mm	Fq
@qx.(k,n)	密度对数分布 k:粒径级,分为{1,2,…,31} n:质量测量值(0=数量,1=长度,2=面积,3=体积,10=NANOPHOX强度)	1	Fqx
@qxi.(x,n)	密度对数分布,粒径x插值 x:粒径(μm) n:质量测量值(0=数量,1=长度,2=面积,3=体积,10=NANOPHOX强度)	1	Fqx
@R.(k,n)	反累积分布(%)(1−Q_n) k:粒径级,分为{1,2,…,31} n:质量测量值(0=数量,1=长度,2=面积,3=体积,10=NANOPHOX强度)	—	FQ
@Ri.(x,n)	反累积分布(%),粒径x插值 x:粒径(μm) n:质量测量值(0=数量,1=长度,2=面积,3=体积,10=NANOPHOX强度)	—	FQ
@RRSB.D(n)	RRSB纯度参数d'(DIN 66145) n:质量测量值(0=数量,1=长度,2=面积,3=体积,10=NANOPHOX强度)	—	FFLO
@RRSB.N(n)	RRSB纯度参数n(DIN 66145) n:质量测量值(0=数量,1=长度,2=面积,3=体积,10=NANOPHOX强度)	—	FFLO

命令	说明	单位	格式
@RRSB. Q(x,n)	适合 RRSB 的 Q_n 值(%),粒径 x 插值 x:粒径(μm) n:质量测量值(0 = 数量,1 = 长度,2 = 面积,3 = 体积,10 = NANOPHOX 强度)	—	FQ
@RRSB. R2(n)	适合 RRSB 的质量回归 n:质量测量值(0 = 数量,1 = 长度,2 = 面积,3 = 体积,10 = NANOPHOX 强度)	—	FFLO
@RRSB. S(n)	适合 RRSB 的标准差 n:质量测量值(0 = 数量,1 = 长度,2 = 面积,3 = 体积,10 = NANOPHOX 强度)	—	FFLO
@RRSB. x(p,n)	适合 RRSB 的粒径,累积百分比 $Q_n = p\%$ p:百分比,p 的范围为[0,100] n:质量测量值(0 = 数量,1 = 长度,2 = 面积,3 = 体积,10 = NANOPHOX 强度)	—	—
@RVLOU	最后审查日期、时间和人员	—	—
@RVCOMMENT	审查意见	—	—
@VERCALC	计算软件的版本号	—	—
@WARNIDC	警告 ID。如果没有警告,值是零;否则,该值为下面列出值的总和 1:错误激光衍射信号的质量(仅 HELOS/MYTIS/MYTOS) 2:粗颗粒可能超出测量范围(仅 HELOS/MYTIS/MYTOS) 4:超出质量累积分布下限(样品太粗) 8:超出质量累积分布上限(样品太细)	—	FINT
@WARNTXTC	警告信息	—	—
@x. (k)	粒径级上限 k k:粒径级,分为{1,2,…,31}	μm	FX
@xexp. (n)	粒度分布的统计期望值 n:质量测量值(0 = 数量,1 = 长度,2 = 面积,3 = 体积,10 = NANOPHOX 强度)	μm	FX

命令	说明	单位	格式
@ xgi. (p,n)	对数粒径插值,对应的 Q_n = p% p:百分比,p 的范围为[0,100] n:质量测量值(0 = 数量,1 = 长度,2 = 面积,3 = 体积,10 = NANOPHOX 强度)	μm	FX
@ xgm. (k)	粒径 k 的几何平均值 k:粒径级,分为{1,2,…,31}	μm	FX
@ xi. (p,n)	线性插值粒径,对应的 Q_n = p% p:百分比,p 的范围为[0,100] n:质量测量值(0 = 数量,1 = 长度,2 = 面积,3 = 体积,10 = NANOPHOX 强度)	μm	FX
@ xm. (k)	粒径 k 的算术平均值 k:粒径级,分为{1,2,…,31}	μm	FX
@ xstdd. (n)	标准差粒径分布 n:质量测量值(0 = 数量,1 = 长度,2 = 面积,3 = 体积,10 = NANOPHOX 强度)	μm	FX
@ SYIELD	仅指 HELOS/MYTIS/MYTOS 产生的信号(%),可以解释为激光衍射强度是由测量的颗粒大小分布所产生的,应在大于98%的良好测量条件下进行测量 菲利普斯－托梅的评价理论说,一小部分的测量信号被解释为测量误差,以获得平滑和非负的解决办法。这就是为什么信号获取率永远不会等于100%。此外,高信号值并不一定意味着好的结果,因为如果测量得到错误的粒子大小分布,也会产生高信号值	—	FFLO

第六节　应用软件模板命令

应用软件模板命令分为:

- 测量;
- 样品和评估参数;
- 悬浮液的性能;
- 触发条件(测量条件)。

一、测量模板命令

命令	说明	单位	格式
@ C. REF(c)	HELOS/MYTIS/MYTOS 重要的背景测试(%) c:核心元素,分为{1,2,3}	—	FFLO
@ DDEV	分散系统名称(HELOS/MYTIS/MYTOS,QICPIC/PICTIS/PICTOS)	—	—
@ DETECTOR	HELOS/MYTIS/MYTOS:激光衍射探测器序列号 QICPIC/PICTIS/PICTOS:照相机序列号	—	—
@ DEVICE	测量系统标识符,格式为 <sensortype> <number>,例如“H0145”或“O0011”。这是 HELOS 或 OPUS 系统的传统标识,但不是永久的。因为它的所有权和位置,可能因为销售和搬迁而更改 此模板命令保持向后兼容,建议改用@ SERIALNO	—	—
@ DMET	分散方法的名称(HELOS/MYTIS/MYTOS, QICPIC/PICTIS/PICTOS)	—	—
@ DMLOU	分散方法、创建时间和人员(HELOS/MYTIS/MYTOS,QICPIC/PICTIS/PICTOS)	—	—
@ I. REF(r)	光强测量参考值 HELOS/MYTIS/MYTOS(%) r:频段,{1,2,…,31}	—	FFLO
@ MCLINE(z)	测量注释行 z:行,分为{1,2…}	—	—
@ MCOMMENT	测量备注	—	—
@ MDATE	测量日期	—	—
@ MDUR	实际测量时间	s	FFLO
@ MF	焦距(HELOS/MYTIS/MYTOS)	mm	FINT
@ MGATE	测量状态的外部条件(0/1)	1	FINT
@ MLOU	创建测量数据的日期、时间和操作者或修改注释以及用户测量参数	—	—
@ MMSEC	几分之一秒的测量时间	—	—
@ MOP. ATMP	OPUS 放大器正常测量的温度	℃	FFLO
@ MOP. RATMP	OPUS 放大器温度参考阅读	℃	FFLO
@ MOP. RTMP	OPUS 分散剂温度参考阅读	℃	FFLO

命令	说明	单位	格式
@MOP. TMP	OPUS 分散剂正常测量的温度	℃	FFLO
@MPHASE	HELOS/MYTIS/MYTOS:如果这些系列是用快速测量模式,表明测量计数值在使用范围内 • 1,2,…,n(如果"列分为部分…ms 实际时间"), • 1,2 或 3(如果"系列分为阶段…阶段 1…阶段 2…阶段 3"已启用)	—	FINT
@MRANGE	测量范围(除 NANOPHOX)	—	—
@MRLOU	创建日期和操作者定义的样品测量范围	—	—
@MTIME	测量时间		
@MTRAIL(p)	测量结果审核(仅 FDA CFR 21 标准中第 11 条)。如果参数 p 设置为零或被省略,整个审核信息输出在记录的最后几行。如果 p 设置为大于零的数,只输出审核信息的记录行。参见用户定义参数	—	—
@MTZONE	测量存储在计算机的时间区域	—	—
@NP. CFNX	相关函数点	—	FINT
@NP. CFX	相关函数的延迟时间(=x 值)	ms	FFLO
@NP. CR1	计数通道 A	kcps	FFLO
@NP. CR2	计数通道 B	kcps	FFLO
@NP. FCFY	相关函数 Y 值的拟合(%)	—	FFLO
@NP. LAS	激光功率(%)	—	FFLO
@NP. MCFA	相关函数振幅(%)	—	FFLO
@NP. MCFY	相关函数 Y 值的度量(%)	—	FFLO
@NP. MTMP	温度测量	℃	FFLO
@NP. RCFY	相关函数 Y 值的补偿(%)	—	FFLO
@OP. BFRQ(n)	n-th OPUS 样品气泡测量校正的测量频率 n:编号,n 从{1,2,…,7}中选取	kHz	FFLO
@OP. BND(n)	n-th OPUS 样品气泡测量衰减校正 n:编号,n 从{1,2…,7}中选取	dB	FFLO
@OP. BNP(n)	n-th OPUS 测量阶段样品气泡校正的正常测量 n:编号,n 从{1,2,…,7}中选取	—	FFLO
@OP. BRD(n)	n-th OPUS 样品气泡测量衰减的校正参考 n:编号,n 从{1,2,…,7}中选取	dB	FFLO

命令	说明	单位	格式
@ OP. BRP(n)	n – th OPUS 测量时样品气泡校正的参考测量 n:编号,n 从{1,2…,7}中选取	—	FFLO
@ OP. FRQ(k)	k – th OPUS 测量频率 k:频段,k 从{1,2…,31}中选取	kHz	FFLO
@ OP. ND(k)	k – th OPUS 正常测量时的衰减 k:频段,k 从{1,2,…,31}中选取	dB	FFLO
@ OP. NP(k)	k – th OPUS 正常测量 k:频段,k 从{1,2,…31}中选取	—	FFLO
@ OP. RD(k)	k – th OPUS 衰减测量的参考阅读 k:频段,k 从{1,2,…31}中选取	dB	FFLO
@ OP. RP(k)	k—th OPUS 正常测量的参考阅读 k:频段,k 从{1,2,…,31}中选取	—	FFLO
@ PAR(p)	用户参数 p(如果参数类型设置为"数字",输出格式为 FFLO) p:参数,p 分为{1,2,…,10}	—	FFLO
@ PARNAME(p)	用户参数 p 的名称 p:参数,p 分为{1,2,…,10}	—	—
@ PARUNIT(p)	如果参数格式是"数字",用户参数为 p p:参数,p 分为{1,2,…,10}	—	—
@ PKEY	测量用的主要功能键(日期,时间,文本序号)	—	—
@ QINUM	QICPIC/PICTIS/PICTOS 图像测量记录序号	1	FINT
@ RTIME	HELOS/MYTIS/MYTOS:测量时间形式,月 – 天,小时:分钟:秒 OPUS:日期和时间的测量参考形式,年 – 月 – 天,小时:分钟:秒	—	—
@ RVAL	污染指数(%),相关的绝对值参考测量	—	FFLO
@ SCODE	代码示例,从条形码阅读器读取代码	—	—
@ SENSTYPE	仅指 QICPIC/PICTIS/PICTOS:传感器输出 • "HCU":硬件组合件 • " "(空):没有硬件组合件	—	—
@ SERIALNO	传感器序号格式,< number > < space > < sensortype >,例如,HELOS 文书 0145H 中没有 145 号	—	—

命令	说明	单位	格式
@ SUBDDEV	分散系统	—	—
@ SYSTEMID	涉及销售项目的测量系统标识符，多达任意格式的 16 个字符		
@ VERMEAS	WINDOX 测量软件的版本号	—	—
@ WARNIDM	测量预警 ID	—	FINT
@ WARNTXTM	测量预警文本	—	—
@ WAVE	仅指 HELOS/MYTIS/MYTOS：激光波长	mm	FINT

二、样品特性模板命令

命令	说明	单位	格式
@ CMCOMMENT	仅指 QICPIC/PICTIS/PICTOS：用户定义的特定直径，可以通过对话框输入在 QICPIC/PICTIS/PICTOS 用户成果样品页面 如果当前还没有使用用户定义的计算模式（用户 1，2，…）进行计算，则由一个标准模式（EQPC…）输出一个空字符串		
@ CMODE	HELOS/MYTIS/MYTOS：说明评价（计算模式 HRLD，LD，Mie，稳定性和重复性检验） OPUS：说明评价方法 QICPIC/PICTIS/PICTOS：现行标准直径代码名称，例如“ECPC”，“FERET_MAX”，“用户 1”等 NANOPHOX：请参阅模板命令 NANOPHOX 评价	—	—
@ P. AC1	OPUS：超声吸收系数#1（WINDOX 3 或 4 兼容的液体评价）	dB，s/m	FFLO
@ P. AC2	OPUS：超声吸收系数#2（WINDOX 3 或 4 兼容的液体评价）	dB，s^2/m	FFLO
@ P. AV1	OPUS：Alpha1 值（WINDOX 5 溶液评价）	dB，s^2/m	FFLO
@ P. AV2	OPUS：Alpha2 值（WINDOX 5 溶液评价）	Hz	FFLO
@ P. AV3	OPUS：Alpha3 值（WINDOX 5 溶液评价）	dB，s^2/m	FFLO
@ P. FF	HELOS/MYTIS/MYTOS 或 OPUS：样品形状因子	—	FFLO
@ P. MIEIM	HELOS/MYTIS/MYTOS 或 NANOPHOX：假设折射率	—	FFLO

命令	说明	单位	格式
@P. MIERE	实际折射率	—	FFLO
@P. RHO	样品密度	g/cm^3	FFLO
@P. SOS	OPUS:声速(仅指溶液)	m/s	FFLO
@PCLIM	QICPIC/PICTIS/PICTOS:适用当前的样品的用户指定粒径范围	—	—
@PCLIMLOU	QICPIC/PICTIS/PICTOS:修改时间和操作者,当前动态粒径范围变化	—	—
@PCOMMENT(n)	评价样品数据信息 n:可选参数行号 n=0:输出评价 n>0:仅输出编号n的注释	—	—
@PEXT	OPUS:丢失颗粒的特性名称(仅指固体颗粒)	—	—
@PEXTLOU	OPUS:最后修改日期、时间的操作者和丢失颗粒特性	—	—
@PLOU	样品数据修改时间和操作者	—	—
@PNAME	样品名称	—	—
@PTRAIL(p)	样品属性的审核信息(仅指FDA CFR 21标准中第11条)。如果参数p设置为零或被省略,整个审核信息在记录的最后几行输出;如果参数p设置为大于零,只输出该行的审核信息	—	—
@RPLOU	HELOS/MYTIS/MYTOS:创建复检数据的时间和操作者	—	—
@RPNAME	HELOS/MYTIS/MYTOS:重新检验参数标识符(REMO)的记录	—	—

三、溶剂特性模板命令

命令	说明	单位	格式
@LQ. AC1	OPUS:溶液超声吸收系数#1	dB,s/m	FFLO
@LQ. AC2	OPUS:溶液超声吸收系数#2	dB,s^2/m	FFLO
@LQ. AV1	OPUS:溶液初始值1	dB,s^2/m	FFLO
@LQ. AV2	OPUS:溶液初始值2	Hz	FFLO

命令	说明	单位	格式
@ LQ. AV3	OPUS：溶液初始值 3	dB, s^2/m	FFLO
@ LQ. MIERE	HELOS/MYTIS/MYTOS or NANOPHOX：实际折射率	—	FFLO
@ LQ. RHO	OPUS：溶液密度	g/cm^3	FFLO
@ LQ. SOS	OPUS：溶液声速	m/s	FFLO
@ LQ. VIS	OPUS 或 NANOPHOX：viskosi 溶液（NANOPHOX：计算测量温度）	mPa · s	FFLO
@ LQCOMMENT(n)	备注溶液数据信息 n：可选参数行编号 n = 0：输出全部注释 n > 0：仅输出行编号 n 的注释	—	—
@ LQLOU	溶液数据修改时间和操作者	—	—
@ LQNAME	溶液名称	—	—
@ LQTRAIL(p)	溶液属性信息（仅指 FDA CFR 21 标准中第 11 条）。如果参数 p 设置为零或被省略，将输出整个记录的最后几行；如果参数 p 设置为大于零，只输出记录行	—	—

四、触发/测量条件模板命令

命令	说明	单位	格式
@ T. ET	NANOPHOX：测量时间	s	FFLO
@ T. POSX	NANOPHOX：样品池位置 X(%)	—	FFLO
@ T. POSY	NANOPHOX：样品池位置 Y(%)	—	FFLO
@ T. TMP	NANOPHOX：Desired temperature NANOPHOX：所需温度	℃	FFLO
@ TBC	HELOS/MYTIS/MYTOS, QICPIC/PICTIS/PICTOS：启动条件 OPUS：第一次启动条件	—	—
@ TBCS	OPUS：第二次启动条件	—	—
@ TBT	启动条件延迟时间	s	FFLO
@ TCYC	HELOS/MYTIS/MYTOS：触发时间	ms	FFLO
@ TCF	OPUS：自动微调之前的测量(0/1)	1	FINT

命令	说明	单位	格式
@TEC	HELOS/MYTIS/MYTOS 或 OPUS:停止条件	—	—
@TGC	HELOS/MYTIS/MYTOS:有效条件	—	—
@TLAS	NANOPHOX:设定激光功率和控制模式		
@TLOU	触发条件创建时间和操作者	—	—
@TMET	NANOPHOX:测量模式(交叉或自相关)	—	—
@TNAME	触发条件名称	—	—
@TOREF	HELOS/MYTIS/MYTOS 或 OPUS:空白测试的时间	s	FINT
@TRATE	QICPIC/PICTIS/PICTOS:每帧图像采集的速率	Hz	FFLO
@TSPLIT	HELOS/MYTIS/MYTOS 快速测量模式:设置章节"划分为",或者 • "xx ms 章节"或 • <第一章>/<第二章>/<第三章> (例如20%/50%/30%)	—	—

第十一章　通用功能

本章介绍可供多个 WINDOX 软件包调用的公用对话框或函数，这些对话框和函数可以改变整个软件的主要特性。

目前，工具包由以下几部分组成：

(1)选项对话框(Options dialog)；

(2)页面类型(Page style)；

(3)打印预览(Print preview)；

(4)信息(Messages)；

(5)状态查看(Status viewer)；

(6)服务请求向导(Service request wizard)。

第一节　参数设置

WINDOX 参数包括全局参数和局部参数。全局参数可以影响所有 WINDOX 模块，局部参数仅对其中的某个模块有效，存储于各自的配置文件中。

一、全局参数

通过选项对话框可以设置全局参数，选项对话框可以从多个 WINDOX 模块中调用。根据所在模块，选项对话框会打开不同的对话框页面、设置对应的参数。

选项对话框分为两部分，左边以树结构分级显示参数名。如果选择了一个分支，这一组参数将显示在右边的窗口中。单击 OK 按钮关闭选项对话框后，修改参数成功；单击 CANCEL 按钮，将取消所做的修改。

参数树包括如下分支：

数据库(Database)；

计算模式(Calculation)；

信息(Messages)；

应用控制(Application control)；

应用编辑器(Application editor)；

HELOS/MYTIS/MYTOS(常规)；

HELOS/MYTIS/MYTOS 传感器；

OPUS(常规)；

OPUS KSIGMA；

QICPIC/PICTIS/PICTOS；

NANOPHOX；

分散器(Dispersers);
进样器(Feeders);
常规参数(General settings)。

二、局部参数

局部参数仅对一个或多个模块有效,存储在 WINDOX 配置目录各自的配置文件中,在英文操作系统下,该目录为:C:\Documents and Settings\All Users\Application Data\Sympatec\WINDOX 5\Cfg.

例如,程序窗口在屏幕上的位置或报表输出参数就是局部参数。

如果配置文件从配置目录中删除,用户设置的局部参数将恢复到出厂状态。配置文件的内容说明如下:

后缀	说明
.cfg、.ini	与某个 WINDOX 模块关联的常规配置文件。可以通过文件名进行区分
.wxd	WINDOX 数据显示程序(DVP)的配置文件。双击该类型文件,可以按照配置文件中的设置情况启动 DVP
.wxh	HELOS 控制程序的局部参数。双击该类型文件,可以按照配置文件中的设置情况启动 HELOS 应用软件程序。通过 HELOS 应用软件程序可以创建并命名 wxh 文件
.wxo	OPUS 控制程序的局部参数。双击该类型文件,可以按照配置文件中的设置情况启动 OPUS 应用软件程序。通过 OPUS 应用软件程序可以创建并命名 wxo 文件
.wxq	QICPIC 控制程序的局部参数。双击该类型文件,可以按照配置文件中的设置情况启动 QICPIC 应用软件程序。通过 QICPIC 应用软件程序可以创建并命名 wxq 文件

第二节 数据库选项

选项对话框的页面分为两部分:
- 数据库设置(Database settings);
- 数据库浏览设置(Database browser settings)。

一、数据库设置

这部分参数用来连接 WINDOX 数据库服务器和它发布的数据库。关于数据库发布,将在第十二章第四节“数据库管理”部分进行介绍。

页面顶部显示服务器 PC 名,服务器 PC 指的是 WINDOX 服务器软件所在的计算机。可以是另一台 PC,或者服务器和客户机软件安装在相同的计算机上。这种情况下,LOCALHOST 为当前计算机的地址。

所选的服务器 PC 通用于当前计算机上的所有 WINDOX 程序。在 WINDOX 程序组中调用服务器选择(Server selection),可以选择服务器 PC。

请确认登录计算机的当前用户具有数据库存取权限,这一点是必要的,即使 WINDOX 服务器和客户机程序都安装在同一台计算机上。利用用户权限管理程序(WINDOX administration of user rights),可以给用户授予存取权限。

每个 WINDOX 客户程序都需要 3 个数据库(DVP 需要 2 个)才能正常运行:

- 测验数据库,保存测验数据;
- 演示数据库,保存报表和图表模板;
- 应用数据库(仅用于应用软件程序),保存 WINDOX 应用程序。

利用别名可以引用数据库,别名的确定在数据库管理程序(Database administration program)中进行。与 WINDOX 4 不同的是,通过客户端程序无法得知各个数据库存储的物理地址。这是 WINDOX 5 数据库安全性和完整性策略的一部分。

单击编辑框尾部的[...]按钮可以打开对话框窗口,选择当前数据库服务器发布的一个数据库。Select database 对话框中含有各个类型的数据库列表,包括测验数据库、演示数据库或应用数据库。数据库别名前面的标志用来显示数据库状态:

 (亮显)	数据库对当前用户可用。它可能处于写保护状态或按照 FDA CFR 21 标准中第 11 条的规定发布。列表中的各列显示数据库特性、模式
	数据库目前不可用,例如正在进行维护
	根据过滤别名的要求,当前客户机用户没有数据库存取权限
 (灰暗)	数据库版本太低,必须升级到当前软件版本才能使用

可以为每个类型选择一个数据库作为客户机的工作数据库。

二、数据库浏览设置

通过勾选框 Automatic Browser Refresh 可以激活或禁止 WINDOX 软件包的信息系统。信息系统可以自动打开浏览窗口,并根据数据库变化一直不停更新。

建议根据不同情况,对自动刷新浏览器进行下述设置:

- 当进行自动测验时,设置为"激活"。每个最新测验即时添加到浏览列表,浏览器窗口自动滚动。
- 设置为"禁止"。在多用户环境下,选择多个测验创建报表时。在生成报表期间,不能因为其他用户的操作导致选择被取消。在这种运行模式下,可以按下 <F5> 键或单击按钮进行手动刷新。

第三节　信息选项

在 WINDOX 中,可以通过 3 种方式获得系统信息:

- 对话框,暂停程序运行,等待用户确认;

- 信息日志中的记录；
- 临时信息框。

如果启用 TEMPMSG 显示临时信息，信息在显示一定时间后会自动消失，不需要用户进行确认。改变 Temporary message time 的值，可以更改信息显示的持续时间（以 s 为单位）。

在 WINDOX 中有 5 种不同的信息：确认、错误、疑问、信息和警告。可以设置每类信息的显示方式（字体、背景色）。

按钮**A**——打开对话窗口，设置字体和颜色。单击字体，选择按钮右边的色彩区，可以设置背景颜色。

按钮——将字体和颜色恢复为默认值。

第四节　应用程序控制选项

一、默认目录

默认目录用来生成应用程序的默认路径（例如 OUTFILENAME）。如果作为参数传递给这些声明的路径不完整，将用默认目录作为根目录。

ETX-Byte（文本结束符）可以添加在每行输出内容的末尾，接收端计算机据此判断信息是否结束。

二、信息的显示方式

Font 字段为信息框字体。单击记录末尾的按钮可以打开系统对话框，重新选择字体。

Background color 字段为信息框的背景颜色。单击每条记录可以打开系统对话框，重新选择背景色。

单击按钮可以将字体和背景颜色恢复为系统默认值。

三、远程控制

WINDOX 应用软件程序的所有主要功能都可以远程实现，在实验室可以利用这种方式进行协作。遥控接口可以是 RS232（串行通信端口）、TCP/IP 或 ACPLT。远程命令以托架符（0x0d）和换行符（0x0a）作为结束符。

如果采用 TCP/IP 接口，必须指定有效远程地址的掩码（TCP/IP 规范）和端口号。为了对本机接口进行测试，必须指定本机地址 localhost。

四、应用程序编辑器选项

应用程序编辑器参数用来设置窗口方式及应用程序运行、导入、导出方式。

（一）编辑器窗口属性

通过编辑字段 Font，可以设置编辑器窗口的文本字体。单击行尾的按钮，可以打开字体设置对话框。

下部的矩形框显示编辑器窗口的背景色。单击该矩形框可以设置新的背景色。

通过字段 Tab Stops 可以设置制表符宽度。

(二)应用程序的执行参数

为测试程序的运行情况,可以通过 inspector 窗口查看程序参数。如果选择了 show inspector on Application start 选项,当程序运行时自动打开 inspector 窗口。

利用应用程序编辑器的复选框,可以激活或阻止初始化(initialization)功能模块的自动运行(automatic execution)模式。自动运行时初始化功能是否应该在调试模式下进行,由另外的一个核选框控制。如果选择"是",程序将在调试器控制下逐行执行。如果没有选择 maximum debug wait time,程序将在单步执行模式下运行,每行语句都必须用▶按钮进行确认。

如果选择了 maximum debug wait time,程序将在连续执行模式下运行,不需要对每行语句进行确认。最大调试等待时间指的是执行相邻两条语句的延迟时间,该步长可以设置为 0.01 s。单击按钮‖可以暂停程序运行,单击▶继续运行。这种"慢动作"模式可以用来测试程序的实时运行效果。

(三)应用程序的导入选项

如果已经存在一个导入程序,根据用户对确认提示的不同回应,其将被自动覆盖或中止执行。然而,如果要求在导入程序名称出现冲突时修改程序名称,应该选择 Modify application name to unused 选项。

如果应用程序从 WXA 文件中读入,该文件名(包括后缀 . WXA)为数据库中存储的程序名。如果选择 Remove extension of WXA file name,该后缀将自动添加。然而,如果该程序被另外的程序作为子程序调用时,应注意,要么修改所有的调用,要么去掉该选项。

第五节 OPUS 传感器设置

一、通信

利用选择框 Interface electronics,可以设置计算机和 OPUS 传感器之间的接口。可以选择的接口有 3 种类型:ISA - FOL、PCI - FOL,以及 USB - FOL。如果使用 ISA - FOL,必须指定外接端口地址,该地址默认值为 02F4。

如该使用 PCI - FOL,必须指定与传感器通信的一个串行端口。默认值 <auto> 表示搜索并使用第一个端口。然而,如果计算机的同种通信方式端口有多个,必须指定每个端口的端口号,这些端口号在操作系统的设备管理器中可以查到。

二、OPUS 参数确定

(一)声速测定

为利用 OPUS 应用软件程序测量测验溶剂中声波的传播速度,应首先确定频率间隔(frequency interval)。频率间隔由测量期间的频率范围线性分割得到。参数 gap width 为测量的间隙宽度。

一般情况下，这些数值不能随意改动。一个特例是，在衰减量很大时，需要测量溶剂中声波传播速度。该情况下，如果实测衰减量大于设定的最大值，应该改变最大频率参数，以使衰减量位于设定的范围内。

不管何种情况，默认间隙宽度 2.5 mm 不能改动。

（二）吸收因子测定

与样品测量相比，测定吸收因子需要的时间更长，因为频率范围将自动设定，并需要根据不同的间隙宽度分别运行两次并自动进行校准。

三、KSIGMA 模块设置

（一）从数据库中导入原始数据

利用输入项 max. digits of attenuation，可以指定导入数据时原始数据有效位数取舍的分辨率。

（二）从数据库中导入粒径分布数据

利用输入项 max. digits of particle size 和 max. digits of cumulative values，可以指定导入数据时粒径分布数据有效位数取舍的分辨率。

（三）从文件中导入粒径分布数据

从文件中导入粒径分布数据时，必须指定粒径测量单位（unit of measurement of the particle size）。另外，还需指定粒径级和累计分布数据的分隔符。除制表符（TAB）外，分隔符还可以是空格、分号，或用户自定义符号。

第六节　通用设置选项

一、语言

WINDOX 支持多种语言。WINDOX 程序的运行语言可以通过选项对话框页面进行设置。

语言设置不影响报表显示和打印，报表语言取决于演示数据库中的图表模板。

二、页面风格

页面类型（Page style）对话框用来设置 WINDOX 文件打印参数。页面分为标题、内容和脚注三部分（见图 11.1）。页面的显示方式、框线、标题和脚注都可以修改。

（一）页面

页面方向可以选择纵向或横向。定义页边空白的参数包括：

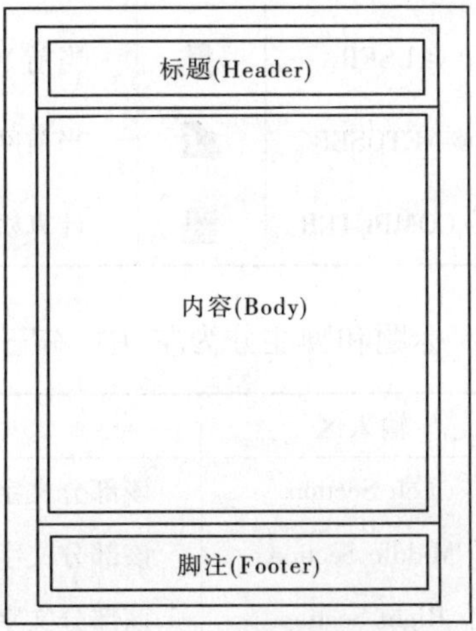

图 11.1　对话框页面

参数	描述
Left margin	页面左边缘到文字或左框线的距离
Right margin	页面右边缘到文字或右框线的距离
Top margin	页面上边缘到文字或上部框线的距离
Bottom margin	页面下边缘到文字或底部框线的距离
Inner margin	标题/内容/脚注到各自框线的距离

如果从报表输出窗口调用页面风格对话框，会出现另外一个核选框 Print every report on a new page，通过该参数可以在每个报表结束位置自动插入换页符，这样可以利用 Print 按钮正确打印报表。

（二）行

通过本页面可以选择标题、内容和脚注的框线，调整其颜色和粗细。

（三）标题/脚注

本页面对标题、内容和脚注进行配置。可以为标题和脚注选择不同的字体，也可以加入一些命令语句，例如在标题或脚注位置打印页码、日期等。

命令	标记	说明
—	A	设置字体
@ PAGE		文件打印时插入页码
@ FILE		模板名称
@ DATE		当前日期
@ TIME		当前时间
@ USER		当前 WINDOX 用户名
@ NETUSER		当前网络用户名
@ COMPUTER		计算机名称

标题和脚注分为左、中、右三部分。

输入区	说明
Left Section	该部分文字将分别打印在标题或脚注的左侧（左对齐）
Middle Section	该部分文字将分别打印在标题或脚注的中部（中间对齐）
Right Section	该部分文字将分别打印在标题或脚注的右侧（右对齐）

三、打印预览

通过打印预览，可以了解页面打印的大致效果，包括字体、颜色、页面风格等。可以选择单页、双页显示，也可以利用工具条上的按钮进行缩放等操作。

按钮	标记	动作
Exit		关闭打印预览
Print		打印文档
First Page		显示第一页
Previous Page		显示前一页
Next Page		显示后一页
Last Page		显示最后一页
Page Zoomed		启动缩放视图
One Page		整页显示
Two Pages		双页显示
Zoom In		放大
Zoom Out		缩小
No Zoom		恢复原始大小
Margin Lines		虚线标示页面边界

当前页码和总页数在窗口底部的状态条中显示。在缩放视图中，状态条的第二部分显示缩放系数。

四、信息

WINDOX 的信息由信息编号（Message ID）、信息文本（Message text）和注释（Comment）组成。信息编号是信息的唯一标识，可以用于错误处理等。

所有信息都在信息日志窗口显示。指定类型的信息（例如出错信息）也可以写入文件 WXMSG. LOG，该文件可以在 WINDOX 日志文件夹中找到，如 C：\Documents and Settings\All Users\Application Data\Sympatec\WINDOX 5\Log。

（一）信息对话框

标题部分显示信息号和信息类型。如果信息有注释，可以单击 Details 按钮查看。信息经确认后写入信息日志窗口。

每种信息日志窗口的背景色和字体都可以通过选项对话框分别设置。

（二）信息日志

所有信息（包括疑问和错误信息）都写入信息日志。可以最多写入 200 条信息，如果再写入新信息，将首先删除最旧的信息。只要 WINDOX 运行，日志窗口就可用。每当 WINDOX 重新启动时，日志窗口将重新初始化。

此外,信息也可以写入日志文件永久保存。

信息日志由 6 列组成:Type、Date、Time 三列用来存储信息类型(疑问、信息、错误……)、日期和时间;ID、Message、Comment 三列用来存储信息内容。

如果出错信息仅仅写入信息日志,信息窗口将自动弹出。如果信息需要人工干预(例如疑问),日志窗口的信息文本后面将出现相应的按钮。

通过信息日志窗口的上下文菜单(单击鼠标右键)可以处理两种命令:清空信息(Clear messages)日志;以文本方式将信息存入文件(Save messages to file...),不同的列以制表符(TAB)分隔。

第十二章　WINDOX 5 管理

WINDOX 5 有一个授权系统，对不同的软件模块和数据库的访问可以授予或拒绝。

第一节　概　述

一、数据库客户端服务器

相对于其以往的软件版本，WINDOX 5 带有一个数据库客户端/服务器和一个特定用户数据管理访问权限。

WINDOX 5 主要在数据的完整性、访问控制和多用户访问方面有许多优点：

一组数据库（DB）服务器运行的计算机服务器是用来对一个或多个数据库的客户请求做出响应的。虽然可以在同一台计算机或另一台计算机上运行数据库客户端，但是客户端不能直接访问数据，而是通过服务器来进行访问的。

应用软件 HELOS、QICPIC、OPUS，数据可视化程序，以及 QX 程序都是数据库客户端，用户可以运行这些程序。通常情况下，数据库服务器无需操作，而是在后台自动运行。

但是，数据库服务器在一定条件下必须进行管理。例如，数据备份和还原、数据库的设置及位置、访问属性或特定用户的访问权限。

二、管理程序

为了保证未经授权进行访问时的安全性，需要有灵活的管理方式。将管理的任务分成若干个程序，分配给不同的人或团体来执行：

- 软件所有者授权的软件有保护加密狗，可以与供应商协商获得授权信息，并且可以在客户端或计算机服务器上运行。
- 实验室管理员规定了不同用户访问数据库服务器的权限，并由用户管理。
- 数据库管理员规定了不同数据库在数据库服务器上的位置、可用性和访问的属性，并由数据库程序进行管理。
- 任何用户都可以将计算机客户端连接到 WINDOX 服务器。
- 任何用户的计算机客户端都可以运行资源管理器数据库程序，用方便和安全的方式记录数据。

第二节　WINDOX 许可信息程序

每个 WINDOX 软件许可证都带有软件保护加密狗（CryptoBox 并行端口或 SuperPro 的 USB 端口），可授权解密存储的永久记忆。同时，配备一套不受管理权限限制的标准软件模块。

打开计算机保护密钥，在 WINDOX 授权程序的帮助下，可以将许可信息移植到计算机。移植后的许可信息，可以不再用键盘锁定。该方法建议在便携式计算机使用。

也可以创建 WINDOX 许可证文件，并邮寄给 Sympatec。Sympatec 将提供除硬件密钥外的许可证文件，并按下述程序进行注册。对于计算机服务器，如果没有免费的连接器及解密可能，或没有用户访问计算机服务器权限，建议使用此方案（例如，如果服务器位于独立建筑）。

客户端或计算机服务器可以运行 WINDOX 许可信息程序，并在任何时候瞬时显示用户的许可状态。存储授权的解密锁或许可证文件只有经 Sympatec 同意才可以进行修改。无论是购买软件模块或要求 Sympatec 许可，改变管理权限的售后服务如下所述：

在两种情况下，Sympatec 会将一个或多个密码发送给拥有加密狗或许可证文件的用户。每个加密狗或许可证文件只有唯一一个许可证编号。一组密码不能同时用于另一个加密狗或许可证文件。

树状结构的许可模块和 WINDOX 管理两个主要分支可以单独授权，并授权对树状结构的解密类型和解密码进行检查。

所有可用模块将显示在分支许可模块中。若要添加模块需要购买许可证。

对 WINDOX 软件主要管理功能的访问，仅限于拥有软件保护加密狗的用户。如果该软件的所有者需要改变访问权限，当地 Sympatec 销售代表将提供必要的密码。

密码可以切换各自的权限，这意味着授权可以授予或拒绝使用相同的密码。

可以通过菜单栏和窗口顶部的工具栏运行程序。

符号	菜单选项	说明
	读取文件	读取许可证数据。选择加密狗类型，从而确定从哪种类型的许可证存储器进行读取（解密不同类型的文件）
	包括密码文件	读取 Sympatec 生成的密码文件，其授权选项包括在内（=启用）
	禁用密码文件	读取 Sympatec 生成的密码文件，其授权选项不包括在内（=禁用）
	许可证文件、计算机识别码	如果使用此功能，需要有一个许可证。将程序显示的机器识别码传送给 Sympatec，创建一个购买许可证的文件，通过电子邮件发送给 Sympatec，最后导入使用功能，导入步骤如下所述
	导入许可证文件	由 Sympatec 生成一个许可证，导入并存储在当地计算机上，然后可以在没有软件保护加密狗的计算机上使用 WINDOX
	删除许可证文件	可以在当地计算机上删除许可证。
	传送许可证文件	当许可证信息从软件保护加密狗传送到计算机后，请记住传送后的加密狗是空的
	传送、还原许可证文件	许可证信息从计算机移回原始加密狗。这时，如果 WINDOX 移动到另一台计算机，计算机操作系统应重新安装

符号	菜单选项	说明
	文件退出	关闭程序
	输入编辑的密码	使用程序模块打开密码对话框。确认后，授权使用的模块被切换并存储
	输入编辑的密码版本	打开密码对话框，现有许可证版本升级到一个较新 WINDOX 版本，例如从 WINDOX 4 到 WINDOX 5。所需的密码含在发送的 WINDOX更新版本中

一、WINDOX 许可模块

WINDOX 许可模块分为下述几组。

(一)应用软件

选项	说明
HELOS Laser Diffraction	HELOS、MYTIS 或 MYTOS 可以用 HELOS 应用软件程序进行测量
OPUS Ultrasonics Extinction	OPUS 可以用 OPUS 应用软件程序进行测量
QICPIC Image Analysis	QICPIC、PICTIS 或 PICTOS 可以用 QICPIC 应用软件程序进行测量
NANOPHOX PCCS	NANOPHOX 可以用 NANOPHOX 应用软件程序进行测量

(二)计算

选项	说明
Mie calculation	Mie 计算模式用于 HELOS/MYTIS/MYTOS 测量结果计算
Forced stability	启用强制稳定选项可对测量结果进行评估
Revalidation module	重新检验模块(REMO)可用于测量结果评价

(三)加载项

选项	说明
Q(t) diagram	Q(t)趋势图可用于应用软件程序和可视化数据程序
Data visualisation tool	可用的可视化数据程序

(四)QX

选项	说明
Enabled	QX 程序可用于已安装该程序的计算机
Classification	QX 分类模块程序
Comminution	QX 搅拌模块程序
Mixtures	QX 混合物模块程序

二、WINDOX 管理员权限

WINDOX 管理员借助数据库软件管理权限正确设置解密功能。

选项	说明
User rights	如果用户拥有程序解密权限,就可以进入计算机服务器的 WINDOX 数据库可执行文件 WxUserRights. exe
Database administ ration	如果用户拥有数据库管理解密权限,就可以进入计算机服务器的 WINDOX 数据库可执行文件 WxDBAdmin. exe

三、密码对话框

可通过对话框窗口输入更改后的密码。密码由 9 个字符组成,更改后的密码需要确认后确定,密码将自动切换并储存。

第三节　用户权限

一、用户权限管理

WINDOX 5 相对于其前身的软件版本具有特定用户访问函数和数据的管理权限。该用户管理程序只可用于计算机服务器。

由于 WINDOX 需要使用 MS-Windows 的(检查登录密码)操作系统,所以所有 WINDOX用户都要在网络域或本地用户计算机上注册微软 Windows 用户。WINDOX 用户权限存储在数据库中,该用户使用权限时须登录到计算机,并调用 WINDOX 程序。

若启动该程序,授权的软件保护加密狗必须连接到计算机,用户(称为实验室管理员)必须具有可执行文件 WxUserRights. exe 的执行权限。这意味着有两种情况需要执行用户管理权限程序:

(1)软件的拥有人提供给实验室管理员一个正确的加密狗。

(2)系统(或网络)管理员设置的使用权限,实验室管理员可以在网络域(或计算机服务器)上执行 WxUserRights. exe 程序的让他方式。

当 WINDOX 软件预装在计算机上,默认两种授权。

当打开程序的主对话框窗口时,左侧的窗口将显示现有的 WINDOX 用户列表。如果选中其中一个用户名,右侧主窗口中显示其权限。用户点击各自的复选框,窗口顶部菜单和工具按钮提供其他选项(相关键盘被标明在菜单栏)。

如果所有注册的 WINDOX 用户也是计算机或网络域的注册用户,就不再进行自动检查。

启动修改用户权限的客户端程序后,修改即刻生效。

符号	菜单选项	说明
	新文件	添加新用户。打开对话框窗口,在已注册的用户计算机中输入用户的登录名和网域名。如果用户是本地用户,计算机必须加入本地的网域 使用按钮就会显示计算机(如果当前用户在本地登录)或网域(如果当前用户已登录到网域)的注册用户列表。选择其中一项,插入到 WINDOX 用户列表。这是最方便的添加用户的方法,可避免拼写错误 如果当前计算机没有连接到网域,可以通过键盘键入用户登录名和网域名进行连接,但是对检查程序没有任何作用 用户用这种方式创建 WINDOX 账户后,才有可能被授予 WINDOX 使用权限
	文件保存	所选用户权限被保存在数据库中
	文件另存为	所选用户权限被保存在数据库中的另一个用户名,这有助于重复使用用户权限
×	文件删除	从用户列表中删除选定的用户。同时,用户访问 WINDOX 的权限也被取消
ab	文件重命名	如果要用新的用户名代表计算机或网域的注册用户,可以修改原用户名
None	文件退出	项目已完成
	撤销编辑	取消用户的所有修改
	检查所有编辑	启用所有授权
	取消全部编辑	禁用所有授权
	设置 ANALYST 编辑	实验室助手设置一个代表管理权限的配置文件,这只是提出单一的管理权限,随后可以使用复选框进行添加或删除
	设置 REVIEWER 编辑	数据审查员设置一个代表管理权限的配置文件,这只是提出单一的管理权限,随后可以使用复选框进行添加或删除
	设置 DEVELOPER 编辑	研发人员设置一个代表管理权限的配置文件,这只是提出单一的管理权限,随后可以使用复选框进行添加或删除

符号	菜单选项	说明
	编辑指定命名筛选器	此命令用于打开数据库命名对话框,用户具有访问权
	管理日志视图	显示管理日志。管理日志有数据库管理和用户管理两个程序,管理日志记录的信息存储在数据库中,不能删除
	管理日志查看	所有错误、警告、状态或当前计划的会议信息都显示在管理日志中,日志窗口的运行在 WINDOX 联机帮助中解释
	帮助	被称为 WINDOX 联机管理帮助

用户授权分为下述分支机构。

二、测量数据库

选项	说明
命名	此区显示用户取用的数据库名称 双击鼠标按钮具有与工具栏或菜单相应命令同等的作用
删除测量(如果不是 FDA 模式)	如果当前数据库不是 FDA 模式数据库,则可以删除存储的测量
删除 QICPIC 原始数据(如果不是 FDA 模式)	如果当前数据库不是 FDA 模式数据库,则可以删除存储的 QICPIC/PICTIS/PICTOS 原始数据(图像数据)
测量审核	测量结果应符合 FDA CFR 21 标准中第 11 条电子签署方式
创建客户端测量存档	对数据库中存储的测量数据,可以在计算机客户端创建数据库浏览器

(一)测量数据控制

选项	说明
创建、修改或删除样品定义	可以修改样品记录数据,删除无用记录,创建新记录
创建、修改或删除溶液定义	可以修改溶液记录数据,删除无用记录,创建新记录
创建或删除测量范围(只用于 OPUS)	可以删除无用的 OPUS 测量范围,并创建新记录
创建、修改或删除初始条件	可以修改或删除无用的初始条件记录,并创建新记录
创建、修改或删除分散方法	可以修改或删除无用的分散方法记录,并创建新记录
创建、修改或删除评估模式(只适用于 NANOPHOX)	可以修改或删除无用的 NANOPHOX 评估模式记录,并创建新记录
创建、修改或删除分类(仅指 QICPIC/PICTIS/PICTOS)	可以修改或删除 QICPIC 颗粒大小分类的记录,并创建新记录

(二)OPUS 传感器附加选项

选项	说明
OPUS 背景测试	启用 OPUS 背景测试
OPUS 校准	可以校准 OPUS 探头

三、数据库介绍

选项	说明
命名	如果光标选中此行,双击鼠标按钮或打开工具栏/菜单对话窗口的相应命令,筛选器可以指定所选用户演示数据库
创建、修改或删除模板	可以创建、修改或删除报告模板或图表配置

四、应用程序数据库

选项	说明
命名	如果光标选中此行,双击鼠标按钮或打开工具栏/菜单对话窗口的相应命令,筛选器可以指定所选用户演示数据库
创建、修改或删除应用程序	可以修改和创建新的应用程序

五、筛选器命名定义

下面的说明适用于测量、文稿演示和应用程序三种类型的数据库。

假如只有特定的用户可以使用服务器发布的每种类型的多个数据库,关键是要确定数据库的命名系统,例如:实验室的数据"Labo_01"、"Labo_02"……及测试数据"Test…"等。它是由数据库管理员在数据库注册过程中分配给数据库的命名系统。

借助用户管理权限,可以规定用户访问数据库的权限。如果没有特别规定,用户可以访问数据库服务器的所有数据库。

筛选器的简单定义,分配给特定用户字符序列,但这些字符序列必须包含在数据库允许的命名范围,例如数据。也就是说,用户有权访问所有包含以数据序列命名的数据库(HELOS_Data、MyDatabase 等)。

筛选器的名称和规格是用英文大小写区分的。

定义名称还可以包含特殊字符,这样可以更方便地进行筛选。例如,可以用^ data $ 表示只对 data 授予数据库命名访问权限(特殊字符"^"和"$",显示"开始"和"结束")。一般表达式标准化规则适用于定义有特殊字符的命名。

在顶部的对话框中编辑允许的数据库名称。底部左侧列表包含所有现有数据库名称,而底部右侧列表则显示已经筛选过的数据库名称。

第四节 数据库管理

一、概述

WINDOX 5 相对于其前身的软件版本,有一个数据库客户端/服务器。该数据库管理程序只可用于计算机数据库服务器。

启动该程序,软件保护解密文件或授权的许可证必须在当前计算机中,用户(称为数据库管理员)必须具有执行 WxDBAdmin. exe 程序的可执行文件的权限。这意味着,有两种情况必须执行数据库管理程序:

(1)购买的许可证软件表示为一个加密狗或许可证文件;

(2)授予或拒绝 WxDBAdmin. exe 文件是系统(或网络)管理员的权限。

二、数据库列表

在主窗口中显示当前注册数据库列表。测量、演示文稿和应用程序三种类型的数据库,用不同背景颜色线标记。为了 WINDOX 客户端程序的正常运行,各种类型的数据库至少有一种数据库必须进行登记和使用。

文字指示的颜色表示当前客户端程序正在使用或没有使用。颜色的含义如下:

- 红色——数据库处于使用中。一个或多个客户端程序连接到该数据库。
- 黑色——准备使用的数据库。当前没有连接客户端。
- 灰色——不能使用的数据库。因为它的版本与当前软件版本不匹配,更新后才能使用。

每个数据库名称前面的符号指示其维护状态:

- (绿色符号)确定。该数据库是最新的。可以使用客户端程序。
- (白色符号)被动。数据库程序版本不同,通常是老版本。对数据库程序进行更新后,再提供给用户。
- (黄色符号)警告。这意味着数据库需要维护。黄色符号是唯一的标识或状态,如果用户忽略了黄色符号,将没有任何其他警告显示。
- (红色符号)超过维护时间和测量时间都会造成测量数据库显示红色。若不维护测量数据库而继续使用,将意味着有损坏基础数据和丢失数据的风险。如果数据库管理程序已关闭,邮件会通知提醒有关风险。此外,每个使用该数据库客户端程序的用户,打开消息日志窗口将会收到输入消息日志的警告信息。

  演示文稿或数据库应用程序通常规模较小,不经常修改,这就是为什么不严格监测其状态的原因。只有红色符号表示已超过维护期。

可以选择一个或多个列表行,对一个或多个数据库进行管理。

(一)文件菜单

符号	菜单选项	说明
	新建	创建并注册所选的新数据库类型,该过程包括数据库属性的设置
	副本	选定已有的测量数据,但不测量,然后复制、注册,这是创建一个数据库的简单方法,而不会丢失设置的样品、触发器和分散系统
	注册	注册现有数据库
	注销	取消注册的数据库,数据库文件不会删除,因此将来可以重新注册。此任务要求对数据库单独访问
	删除	取消并删除注册的数据库,进而从文件系统中删除数据库文件。**请注意:**应用此命令,所有数据库的数据将会丢失而无法恢复。此任务要求对数据库单独访问
	退出	已完成该程序

(二)编辑菜单

符号	菜单选项	说明
—	全选	选择所有数据库列表,可以对所有数据下一个命令,不用对每个任务单独下命令
	数据库更新	将数据库从旧版本更新到当前版本,以便更适合客户端使用
	属性	数据库显示的属性可以修改,修改属性需要单独访问数据库

(三)视图菜单

符号	菜单选项	说明
—	列	数据库列表包含不同的列,其中一些是可选的,并可以显示或隐藏,以节省空间
	查看管理日志	打开管理日志窗口,所有管理行为将在数据库管理和用户管理这两个程序中列出。管理日志记录信息存储在数据库中,无法删除
	查看信息日志	信息日志将显示当前程序所列出的所有错误、警告、状态或信息
	连接到数据库客户端	显示连接所选数据库客户端的计算机名称
	连接到客户端服务器	显示连接所选客户端服务器的计算机名称
	刷新	显示更新

（四）其他菜单

符号	菜单选项	说明
	选项	打开对话框以查看或修改数据库服务器设置
	重新启动数据库服务器	使用此命令重新启动数据库服务器进程（＝服务），需要单独访问数据库

（五）工具菜单

符号	菜单选项	说明
	排序	数据库所选的测量结果按时间顺序重新排列。如果从另一个数据库的资源管理器数据库导入测量结果，即使它们部分或全部在现有目标数据库中，也要追加在测量结果列表的末尾 当客户端连接到数据库时，从技术上是不可能自动重新排序的（例如，导入测量数据后立即排序），需要执行数据库管理程序命令 需要排序的测量结果在数据库列表中用红色显示，同时在相应的数据库对话框窗口中用红色字母显示 需要对数据库单独访问
	维护	数据库需要不时地进行重组。数据库在使用过程中重组往往不断增加，考虑数据处理速度，已删除的数据所占用的空间通常不再返回操作系统。维护程序将完成包括未使用的大容量存储空间数据库重组 及时维护数据库是必需的安全运行过程。可以在选项对话框中设置维护间隔时间，并随时监控数据库列表中标记的颜色，但不自动触发维护 支持维护向导以建立维护作业，它有助于执行三个可选任务： ● 维护现有数据库； ● 安排维护工作（一次或定期）； ● 删除作业计划 向导是通过各自的程序指南，协助妥善完成任务 当进行数据库维护时，需要单独访问数据库。如果客户端处于运行状态，原定的维护将无法完成，平时可以通过属性对话框查看维护计划完成情况
	创建存档	应定期创建所选数据库压缩副本。因为数据库的结构太复杂，在手动无法修复的情况下，唯一的办法是自动修复功能和最新的存档

符号	菜单选项	说明
	还原存档	数据库恢复到先前创建的存档文件。选中存档文件，在所选的目标目录中创建还原的数据库。如果此目录中包含与数据库文件相同的文件名，且该文件名没有注册，可以选择覆盖
	修复	如果数据库的完整性检查失败，可用此命令修复数据库，这是修复损坏数据库的唯一机会。如果还不行，只要数据库存在，仍可以从备份副本恢复 需要单独访问数据库
	WINDOX 4(3)数据库转换	将 WINDOX 4 或 WINDOX 3 数据库格式转换为 WINDOX 5 的数据库格式

(六)帮助菜单

符号	菜单选项	说明
	帮助	显示在线帮助索引

三、注册数据库

数据库服务器程序负责数据库的注册，以便将数据库提供给所有客户端服务器。WINDOX 5 数据库存储在计算机服务器本地目录中的单个文件中。注册时，必须向服务器客户端提交一个命名。因此，客户端不需要(也不能)获得数据库的原始文件，这非常有助于数据库的一致性、安全性或拒绝非法访问。

数据库服务器可以注册多个数据库。例如，WINDOX 5 的服务器至少必须注册测量模板和应用程序数据库以便于 WINDOX 客户端工作。

有注册多种类型数据库的可能。例如，如果一个客户端使用英语，但打印输出需要德文，那么，注册的数据库应具有两种语言转换功能。这同样适用于测量数据库，例如，不同的客户端(或客户端的不同用户)使用不同语言的测量数据库。

(一)数据库的专用访问权限

下文阐述某些(例如维护)任务需要单独访问数据库时，为了保证数据的完整性，在开始数据库管理任务之前，必须终止客户端所连接的数据库。

终止客户端程序的两个步骤如下：

(1)自动将一条消息发送到每个运行的客户端，要求运营商关闭客户端程序。这种方法是发布数据库维护信息的首选方法。经营商的客户端程序可以响应关闭请求，或拒绝关闭。

(2)如果客户端程序收到关闭消息后仍在运行，可以远程终止，或联系经营者终止客户端程序。

远程终止客户端程序会影响他人的工作，只适用于没有其他关机的情况。

(二)数据库服务器设置

对话框窗口包含一些 WINDOX 数据库服务器的技术设置。

1. 数据库服务器缓存

一定量的数据保存在计算机主内存服务器，以加快客户端请求的响应时间。计算机装有 512 MB 内存，为最佳默认值，如果计算机具有较小的内存应该减小默认值，否则磁盘交换会拖慢操作。请使用 Windows 任务管理器，获取用户计算机上使用的有关内存信息。

2. 数据库服务器的本地访问

数据库服务器和其客户端使用 IP 协议进行相互沟通，即使两者同时安装在同一台计算机上。通常，在一些网络基础结构（DHCP、DNS 服务器等），要建立一个 IP 通信网络更改访问（例如断开网络电缆连接或切换有线到无线连接）可能会影响 WINDOX 的功能。若要单机独立安装，可选择“仅本地接入”，这样只是方便和稳定，而不是一个强制设置。

3. 数据库连接超时

如果连接的客户端在运行，数据库服务器仍需要定期检查。如果不检查，连接会关闭并丢失其他资源。所以，启用检查程序是默认的，通常不会更改。

4. 维护间隔

可以指定维护间隔时间，如果维护超期，用户数据库列表中会显示红色符号，默认的维护时间间隔是 50 天。还可以根据数据库的使用情况选择时间间隔。如果数据库是在网络的多客户端使用，或者有大量数据存储和删除（QICPIC/PICTIS/PICTOS 或 NANOPHOX测量），应选择较短维护时间间隔。

5. 维护警告间隔

如果不到维护时间，数据库就需要维修，用户数据库列表中会显示黄色符号，当然这个时间应远远小于维护间隔时间。

6. 默认数据库写入模式

创建一个新的数据库时设置此数据库得写入模式。

7. 自动更新数据库注册

此设置定义服务器如何对旧版本数据库进行更新，选择为：

- 从不通知。恕不另行通知注册旧版本数据库，但会设置为被动，以后可以随时更新。
- 始终。数据库在没有提示确认注册时自动进行更新。所有注册数据库的完整转换意指软件更新，但如果涉及大型数据库可能需要花很长时间。为了数据的完整性，无法中断正在运行的数据库来更新。
- 确认。每次旧版本数据库注册时，对话框窗口要求确认或退出更新。

四、数据库属性

数据库属性是固定的，只有数据库管理员可以进行更改。当数据库转移到另一个位置时，数据库的属性不会丢失。例如，不可能将数据库“第 11 条”复制到数据库的另一个位置。

WINDOX 5 数据库的属性包括以下几点。

（一）数据库命名

在客户端服务器发布的数据库名称，由客户端命名筛选器定义，所以最好使用有序命名，以便可以轻松地进行命名。

数据库名称随时可以更改，而不影响数据库的内容或位置。当然，更改数据库名称会使客户端访问数据库失败。

（二）设置

- 评价：显示在数据库列表中的评价资料。
- 访问模式：如何访问客户端的数据。

由于只有访问数据库中的数据是通过数据库服务器的，所以可以通过独立操作系统的特殊规定进行访问，有三种访问模式，如下表所示。

完全访问权限	对数据访问没有限制，但是可能限制某些用户运行客户端应用程序，这是由用户定义的
FDA（仅指测量）	此访问模式下，数据库遵守 FDA CFR 21 标准中第 11 条关于电子记录及电子签名的规定，可以不删除基本信息并允许修改存储的记录
只读	数据库中的数据对每个人都是写保护的，不受客户端用户权限的限制

- 实际上，该设置不是为数据库用户制定的。对于特定的数据库，将提供访问保护的其他方法。如果数据库复制到另一个网域的计算机上并且发布，其属性保持不变。例如，不能重写写保护或获得 FDA 访问，只能转移到另一个数据库的操作环境。
- 写入模式：把新修改的数据写入到硬盘上。

默认值是异步（缓存）写入的。新的修改数据保存在内存（缓存）里，直到收集的数据写入硬盘的内存中。如果硬件缓冲期发生故障，丢失数据风险略有增加。

另一种是同步（强制）写入。数据写入数据库的硬盘后立即进行交换，尽量减小数据丢失风险，频繁地访问磁盘会降低计算机性能。

（三）文件

- 路径：此处显示数据库文件目录的路径。
- 文件大小：此处显示数据库文件大小。
- 数据库类型：有三种类型的数据库：
  - 测量数据库，包含测量数据和测量的有关文献资料，是数据库存储的最重要内容，因此应重点保护，这意味着需要定期备份数据和进行数据库维护。
  - 演示文稿数据库，包含当前测量结果报告和图表模板。通常，演示文稿数据库包含输出的数据库内容，如果用户有特别的设计图表和报告，数据库备份就很必要了。编辑模板往往不修改，该数据库维护间隔时间可能较测量数据库长。
  - 数据库应用程序包含 WINDOX 应用程序，应用程序会自动进行测量，是特定的程序。因此，该数据库可能包含或不包含有价值的信息。
- 数据库版本：数据库的版本在外部和内部的注释中都有显示。

（四）备份

这里显示上次备份（创建存档）的数据库日期。

（五）维护

- 最后维护：说明最后一次维护时间。

- 下一次维护：说明下一次需要维护的时间。
- 测量顺序：数据库中的测量数据是按时间排序的。因为不论测量时间和日期，测量记录都是从另一个数据库导入并添加到列表末尾。重建文件时，使用 DOS 排序命令，重新按时间顺序排列。

五、数据库备份

数据库服务器操作的一个重要功能（不仅 WINDOX）是数据库服务器永久写访问。由于这一点，复制数据库文件副本时有可能失败（损坏）。有两种途径可以获得数据库文件的副本：

（1）注销数据库，复制“.FDB”文件副本并重新进行注册。此方法不方便，不能自动设定任务，且容易操作错误，因此不建议使用。

（2）使用 WINDOX 数据库存档功能创建一个压缩的数据库副本（“.FBK”文件），此副本可以复制或移动到任何其他程序（例如，标准备份程序），无数据损坏风险。这是首选方法。

支持存档方法，有助于执行以下 3 个任务：

- 当前存档。
- 计划存档作业（一次或定期）。
- 删除计划作业。

向导是一个程序使用的指南，有助于正确完成任务，其他一些提示也可能有用：

- WINDOX 存档功能不能替代备份程序，设计它的目的是可以访问备份程序和备份存档文件。正如以上所说，在数据库服务器运行过程中不能复制原始数据库文件。
- 重复存档将会覆盖现有存档文件。因此，如果存在一个多代备份数据库，WINDOX 存档文件中应包括定期数据备份程序，可以运行已知的 GFS（祖父代 - 父代 - 子代）或一个等效的过程。
- 数据库的存档即使是在映射网络驱动器上也可以创建任何目录，这使数据库管理员能够在另一台计算机上创建文件副本，例如在文件服务器网络上。

六、数据库更新与转换

可以有不同版本的 WINDOX 数据库。

在尽量保持数据库内容完整的情况下将数据库转换为较新版本（例如，从WINDOX 4 转换为 WINDOX 5），但是不能保证旧版本中的信息可以完全保存。

新版本意味着将数据库的结构和内容覆盖在同一个版本上（例如，从 WINDOX 5.1.1 到 WINDOX 5.2.0）。通常，在更新过程中不会丢失任何内容。

没有任何数据库可以反向转换或降为旧版本。

（一）WINDOX 5 数据库更新

将 WINDOX 5 数据库的旧版本转换为当前的数据库格式，在下述两种情况下：

- 当前注册；
- 用户使用“更新数据库”此项功能。

这取决于数据库服务器的设置。

旧版本的备份副本存储在称为 old_<number>数据库目录的子目录中。在由完整合适的函数检查新版本之后,旧的版本就可以删除以节省磁盘空间。

(二)WINDOX 4 数据库的转换

使用该程序,任何 WINDOX 4 数据库(甚至 WINDOX 3 测量数据库)都可以转换为当前的数据库格式。

在一个对话框窗口中可以设置转换器。将 1 ~3 个目录名称输入到所选位置,如测量源数据库、临时引用测量和报告。通过使用检查复选框,每个源目录转换都可以单独启用或禁用复选框。

请注意:WINDOX 3 数据库的目录路径不能超过 60 个字符。由于微软 Windows 操作系统的历史原因,WINDOX 3 和 WINDOX 4 都有这个限制。因此,在该情况下错误信息就很难全部显示。

必须在目标数据库的位置输入一个目录名称。转换器程序将在目标目录创建 3 个数据库文件:WXMAIN. WDB(测量)、WXAPP. WDB(应用程序)和 WXRPT. WDB(演示文稿模板)。如果复选框注册了转换数据库,经过检查,目标数据库注册后自动转换,如果没有注册,转换可能推迟。

启动前自动转换是好的做法,可以使源数据库目录进行备份。

自动转换过程如下所述。

1. 从 WINDOX 3 到最新版本的 WINDOX 3

WINDOX 3 数据库中的测量源目录将 WINDOX 3 转换生成最新版本的 WINDOX 3 数据。

请注意:如果您的版本不是最新的,新生成的 WINDOX 3 数据库格式可能不兼容您的 WINDOX 3 版本。如果需要访问转换后的 WINDOX 3 原始数据,请使用您的备份副本。

由于 WINDOX 3 数据库中不包含报告模板和应用程序,建议从应用程序编辑器 WXA 文件导入应用程序。如果需要,也可以导入复制的报告模板,以及把报告文本粘贴到报告编辑器。如果仍不完善,可做一些手工处理。

2. 从 WINDOX 3/WINDOX 4 到最新版本的 WINDOX 4

WINDOX 4 转换器开始进行测量数据的转换,从最新的 WINDOX 3 版本或当前的 WINDOX 4版本转换到最新的 WINDOX 4 版本。

请注意:新生成的 WINDOX 4 数据库格式可能与您当前的 WINDOX 4 版本不兼容,所以不要将生成的 WINDOX 4 数据库作为 WINDOX 4 的工作数据库,也无须这样做。因为原始的 WINDOX 4 数据库未进行处理,它只是进入了一个备份目录,但可以作为再次更新数据库的备用。相对于 WINDOX 3 的数据,通常不需要自己制作 WINDOX 4 备份副本。

3. 从 WINDOX 4 到 WINDOX 5

通过数据库对话框窗口显示 WINDOX 5 转换目录,从最新版本的 WINDOX 4 版本转换到当前的 WINDOX 5 版本。数据处理过程如下表所述。

源数据库目录	数据描述	目标数据库文件
测量数据库	测量数据	测量数据库
测量数据库(WINDOX > =4.1.3)	应用程序	应用程序数据库
临时的背景测试数据库	临时的背景测试数据	测量数据库
演示文稿模板数据库	报告模板	演示文稿模板数据库

应用程序 WINDOX 4.1.3(存储在 WXA 文件中)之前的版本不包括自动转换。此类应用程序以后有可能直接从 WXA 文件导入 WINDOX 5 数据库。

Q(t)模板无法转换,因为 WINDOX 5 中的图选项已基本上更改并扩展。如果需要,请使用 WINDOX 5 其他模板。

第五节 服务器选择

相对于其前身软件版本,WINDOX 5 有一个数据库客户端服务器,该服务器程序用来把数据库客户端计算机连接到服务器。如果客户端和服务器软件都安装在同一台计算机上,默认选择本地主机服务器,通常不需要进行更改。因此,此程序只适用于客户端和服务器软件被分别安装在不同的计算机上的情况。

此程序访问为默认情况。极少数情况下,多个 WINDOX 服务器可连接在网络上,对于授权人来说,最多的是计算机客户端的本地管理员限制 MS 窗口的使用,以保证服务器的使用。

当没有任何程序能把计算机客户端连接到服务器时,只能改变服务器的选择。这意味着,所有 WINDOX 客户端程序(应用软件、数据可视化)必须在此计算机完成,其他计算机上的程序不会受到影响。

打开一个对话框窗口并进行选择:

- 如果本地服务器主机同在一台计算机,或者
- 另一台计算机在网络上。

为了便于选择,可以打开网络上所有计算机列表选择其中一个,选定内容后关闭对话框并确定。

第六节 数据库浏览器

设计此程序是为了保存数据库的数据记录,并交换两个数据库之间的记录。

计算机客户端的任何用户都可以使用该程序,并拥有数据库所有的访问权限,这意味数据库资源管理器不允许用户删除传感器控件程序中的数据库记录。

对话框左侧上的 3 个按钮分别用于选择测量、演示文稿或应用程序这 3 个数据库。

从列表中选择已有传感器类型的数据(HELOS、OPUS、QICPIC 或 NANOPHOX)。

选择数据类型是用来确定哪些数据记录以后要在数据库中使用。

数据库左右两个选项框的目的是选择一个或两个数据库,并命名,作为工作数据库。

下述的步骤与所有其他类型的数据有不同的测量方法。

一、测量以外的数据维护

如果选择框中的数据设定为测量以外的其他任何类型,在左数据库和右数据库的一个或两个列表中显示选定名称的记录,例如两个数据库中的所有样品的名称。列表中第二列名为“使用”,显示使用(引用)的测量值存储在同一数据库中。

下面每个列表的四个按钮可以执行一项操作,在各自列表中(左侧或右侧)选择数据:

Copy	将所选的记录数据复制到另一个数据库
Move	把选定的记录移到另一个数据库,这意味着源数据库中要删除该记录
Delete	从数据库中删除选定的记录
Rename	可以重命名一个单选记录,从而此记录保留在数据库中,其中不允许有重复记录的名称

如果允许选择相应操作,只需启用按钮;如果数据库处于写保护状态,则禁用移动。

如果记录名称已复制或移动到目标数据库中,下面的叙述将解决名称冲突问题。如果冲突的名称已在目标数据库重命名,请注意以下副作用:

- 如果通过复制或移动自动改变图配置的名称会影响报告模板的功能,此配置参考 @ GRAPH、@ TREND 或@ SHGRAPH 模板命令功能。
- 如果通过复制或移动自动改变应用子程序的名称将影响应用程序,此子程序参考 CALL 功能。

通过删除或移动命令去除有用记录,将被禁止并会导致错误信息。如果用户没有修改或删除有用记录的权限,也可能会产生错误信息。

清理数据库

在初步进行仪器的测试时,可以创建一些样品、触发器或分散系统的测量数据,从而保留有用的测量数据,这有助于去除数据库中无用的数据和掩盖有用数据的过时数据。

要删除存储在数据库中所有无用的测量记录,只需尝试删除所有样品、触发器或分散系统的无用记录。这些记录中有用的测量记录不会删除,仍保留在数据库中。消息日志窗口中将创建删除的错误消息。

二、测量维护

如果选项框中的数据类型设置为测量,用按钮打开数据库浏览器窗口所选择的测量数据将被复制、移动或删除,填充到列表的左列或右列后关闭浏览器窗口。

窗口底部的两组按钮可用于启动以下操作之一：

Copy	一个或多个测量结果被复制到另一个数据库
Move	一个或多个测量数据被移到另一个数据库，这意味着源数据库中删除了这些测量数据
Delete	从数据库删除一个或多个测量结果

如果测量记录的时间是复制或移动到目标数据库中的时间，则不复制此记录。在这种情况下删除源数据库中记录不会生成错误消息。

所有使用的测量数据，例如触发器、样品和分散系统数据，都是从源数据传送到目标数据库的，如果可能，数据记录名称保持不变。

三、名称冲突的处理

如果其中的一个记录名称（例如样品名称或触发条件的名称）已存在于目标数据库中，检查数据记录可以解决名称冲突问题。

- 如果数据是相同的，将测量结果链接到目标数据库的现有记录。
- 如果数据不同，修改移动的记录名称，在方括号内写个数字，例如[1]，从而保留目标数据库中所有记录。

这就是为什么当记录名称传输到非空数据库时，一些记录名称（除测量外）可以自动更改。

附　录

附表 1　WINDOX 5 软件出错信息

编号	提示信息
1000	第二次声明块“...”
1001	块“...”定义非法(缺少“END”)
1002	循环调用块“...”
1003	“END”与块定义不匹配
1004	块定义缺少“END”
1005	语句“...”超出块定义范围
1006	函数变量非法“...”
1007	函数变量“...”必须为数据
1008	此处应该用等号“ = ”而不是“...”
1009	等号后面表达式错误“...”
1010	操作符后面表达式错误“...”
1011	表达式非法“...”
1012	“CALL”中表达式非法
1013	“CALL”后面参数太多
1014	表达式错误“...”,超出范围下限
1015	表达式错误“...”,超出范围上限
1016	范围应用两个点标示“..”,而不是“...”
1017	此处应使用逗号,而不是“...”
1018	“UNTIL”语句前缺少“REPEAT”
1019	“WHILE”循环中使用“UNTIL”语句,缺少“ENDWHILE”语句
1020	“ELSE”语句与“IF”语句不对应
1021	“IF”语句跟随的“ELSE”语句太多
1022	“ENDIF”语句太多
1023	缺少“ENDIF”语句
1024	缺少“ENDWHILE”语句
1025	缺少“UNTIL”语句

续附表 1

编号	提示信息
1026	“ENDWHILE”语句太多
1027	“REPEAT”循环中的“ENDWHILE”语句,缺少“WHILE”语句
1028	“CONTINUE”或“BREAK”语句位于循环之外
1029	“ELSE”语句位置错误
1030	“...”循环中缺少“ENDIF”语句
1031	此处应该用关系运算符,而不是“...”
1032	关系运算符后面的“...”表达式错误
1033	交互模式下不支持“...”命令
1034	程序模式下不支持“...”命令
1035	不能把这个值赋给“RANGE”变量
1036	删除文件“...”失败
1037	“...”循环中“ENDIF”语句太多
1038	分母不能为 0
1039	左边操作数超界
1040	右边操作数超界
1041	读取文件时达到文件末尾“...”
1042	无法播放多媒体文件“...”
1043	字符串参数太长“...”
1044	记号“...”没有执行
1045	解释命令“PRODUCT”:产品名称非法:“...”
1046	解释命令“LIQUID”:溶剂名称非法:“...”
1047	解释命令“RANGE”:选择测量范围非法:“...”
1048	解释命令“TRIGGER” :触发器命令非法:“...”
1049	解释命令“DISPERSER”:分散系统非法:“...”
1050	解释命令“DISPMET”:分散方式非法:“...”
1051	“...”不是一个数值
1052	找不到字符串结尾
1053	运算对象“...”没有初始化
1054	运算对象数据类型应该一致
1055	运算对象应该是数值类型
1056	第一个运算对象“...”必须是数值类型

续附表 1

编号	提示信息
1057	第一个运算对象“...”必须是数值类型
1058	应用“...”没有装载!
1059	应用“...”没有初始化!
1060	不能删除文件夹“...”
1061	数值“...”不存在
1062	转化值非法“...”
1063	符号“...”不能在这里出现
1064	执行“...”终止,出错信息:...
1065	解释命令“CMODE”:评价方式非法:“...”
1200	发生 ACPLT 错误#...
1201	ACPLT 错误#1:发生一般错误
1202	ACPLT 错误#2:客户无法正确验证,服务被拒绝
1203	ACPLT 错误#3:服务器不支持特定操作
1204	ACPLT 错误#4:向服务提供的某个或多个参数非法
1205	ACPLT 错误#5:客户使用的认证项目服务器不支持
1206	ACPLT 错误#16:资源定位存在非法字符
1207	ACPLT 错误#17:与该资源定位关联的通信对象不存在
1208	ACPLT 错误#18:指定的遮罩非法
1209	ACPLT 错误#19:WINDOX 无权使用服务器的通信对象
1210	ACPLT 错误#20:向服务器写入的数据类型错误
1211	ACPLT 错误#33:资源定位指定的服务器不可用
1212	ACPLT 错误#4097:资源定位非法
1213	ACPLT 错误#4098:和服务器通信期间发生网络错误
1214	ACPLT 错误#4099
1215	ACPLT 错误#4100:主机名称未知
1216	ACPLT 错误#4101:无法同服务器或管理员联系
1217	ACPLT 错误#4102:服务器应答超时
1218	ACPLT 错误#4103:主机不存在资源定位所指定的管理员
1219	ACPLT 错误:不支持的数据类型
1220	ACPLT 错误:...
1221	端口映射服务未安装

续附表 1

编号	提示信息
1222	ACPLT 管理员服务未安装
1230	用户“...”已存在
1231	实例“...”已在运行
1300	分母为 0
1301	非法术语
1302	数据格式未知
1303	语法错误
1304	语法错误:此处应为数值
1305	语法错误:此处应为命令
1306	“...”参数非法
2001	数据传输发生 CRC 错误
2002	一般固件错误. 错误号码 =...
2003	读取字节数太多...(>240)
2004	写入字节数太多...(>240)
2005	只读存储器表大小超过最大值,只读存储器损坏
2006	只读存储器表入口非法,可能只读存储器未初始化? 地址:... 大小:...
2106	未知错误
2107	数据库错误:...
2108	硬件错误:...
2109	由于数据丢失,无可用输出
2110	分散系统未连接
2111	分散系统状态未知
2112	无法打开激光快门(舱门未关闭?)
2113	探测器聚中的步骤太多,对焦程序失败
2114	对焦后中心元素亮度太低
2115	探测器自动对焦失败,请使用手动方式(信号测试窗口,用鼠标单击右下角的马达控制)
2116	对焦马达过载,马达自动后退
2117	探测器信号无法用于对焦程序,中心圆环元素的亮度达到 100%,样品浓度过高
2118	至少一个探测器元素过载
2119	探测器元素可能存在缺陷,一个或多个元素显示为 0,丢失的数据已差补
2120	探测器元素可能存在缺陷,一个或多个元素显示为 0,测量数据无法使用

续附表 1

编号	提示信息
2121	你已经终止了当前进程
2122	被选频道的信号太强或太弱
2123	等待开始状态超时
2124	无测量数据,请检查触发条件
2125	非法操作系统(无 WinNT)
2126	探测器的光强度不适合进行背景测量
2127	无强度信号,激光仪关闭/探测器存在缺陷? 光强度低于背景测量
2128	选择频道的信号不符合
2129	相位 2 必须大于相位 1
2130	粒径级数不相符
2131	你无权启动 WINDOX 程序,因为你不是管理员或授权用户
2132	马达位置偏差过大,请检查是否有阻塞
2133	引用位置超限,无法在保证足够精度的条件下到达该位置
2134	探测器滑块索引位置错误,请将马达转 45°(Sympatec 服务)
2135	镜头转换器未初始化,请检查转换器安装是否正确
2136	镜头转换器不包含需要的焦距,请安装需要的转换器
2137	无法读取探测器表的索引位置
2139	错误执行命令
2141	HELOS 舱门打开,请关闭舱门,锁好盖子
2147	无法从注册表中找到所有需要的 MAGIC 参数,程序未完成
2149	位置控制器无响应(MAGIC 探测器传动装置,autoRODOS 皮带传动,SPRAYER 传动)
2151	还在激光光学装置
2152	条形码阅读器显示非法代码
2153	非法读取代码
2154	微控制器通信超时,MAGIC 控制器忙
2155	视觉盒移动超时
2156	此视觉盒无法处理宽幅达...mm 的对象
2171	测量范围尚未解除
2206	非法存取数据区:...
2207	上一次测量的时间晚于当前时间…这有可能会造成数据库的严重错误,请检查你的实时时钟,并重新启动
2211	RODOS 进入的空气低于最小值,实测值:...微巴,允许范围:...微巴

续附表 1

编号	提示信息
2213	分散系统尚未做好背景测量准备
2214	分散系统尚未做好常规测量准备
2216	MYTOS/TWISTER 锁必须置于 AUTO 状态,以进行遥控
2217	TWISTER:传感器失败
2218	TWISTER:马达驱动装置方向错误
2219	TWISTER:只读存储器存储马达驱动方向失败
2220	TWISTER:马达驱动装置一般性错误
2221	MYTOS:气压太低,实测值:...巴,允许最小值:...巴
2222	TWISTER:无法打开球阀
2223	TWISTER:无法关闭球阀
2224	TWISTER:球阀关闭,请打开
2225	TWISTER:球阀打开,请关闭
2226	TWISTER:球阀未打开也未关闭,需要进行维护
2227	Twister50 温度太高
2228	Twister50 正在处理搜寻任务,请以后再试
2229	传感器上缺少 Twister50 助稳器
2230	至少一个 Twister50 传感器无法工作
2241	指定的触发条件没有命名,因此无法开始测量
2245	没有指定测量范围,因此无法开始测量
2246	找不到可用的背景测量,无法计算和显示光学浓度
2248	TWISTER:错误 1
2249	TWISTER:错误 2
2251	PC - FOL 板的 Comm. 处理器未准备好
2252	无回应
2253	测试命令反馈错误
2254	传输错误
2255	接收缓冲区为空
2256	认证错误
2257	只读存储器存储的数据版本错误
2258	TWISTER:速度错误
2259	计算后得不到结果

续附表 1

编号	提示信息
2260	无信号衰减
2261	由于气泡因素,衰减量太大
2262	忽略错误测量数据...
2263	无信号衰减,可能无颗粒物
2264	没有设置当前测量,无法输出
2265	不同的传感器类型:....无法进行统计....
2266	不同的测量范围:....无法进行统计...
2267	不同的产品:....无法进行统计...
2268	不同的计算模式:....无法进行统计...
2269	没有装载用于计算的测量值
2270	不同的计算模式:....无法进行统计...
2271	不同的溶剂:....无法进行统计...
2303	装置未打开
2306	设置的通信端口值非法
2307	硬件初始化失败
2308	关闭队列缓冲区错误
2309	读取串行端口失败
2314	接收超时
2315	接收的数据行太长
2318	HELOS 传感器未连接,无法支持分散系统,HELOS 传感器的所有遥控操作(例如:信号测试、排空、超声波)都将被忽略
2319	分散系统无法进行遥控,请手动操作分散系统
2321	初始化失败
2322	非法的响应
2323	MAGIC 未初始化,保存被取消
2330	VIBRI RS485 control:未知命令
2331	VIBRI RS485 control:漏斗无法升起或放下,请清理堵塞物
2332	VIBRI RS485 control:非法参数值,振幅:0...100%,高度:0.5...15 mm
2335	CUVETTE RS485 control:未知命令
2336	CUVETTE RS485 control:超声波未准备好,请检查换能器是否在工作位置
2340	RODOS RS485 control:未知命令
2341	RODOS RS485 control:轮盘被卡住

续附表 1

编号	提示信息
2342	RODOS RS485 control:非法的参数值,旋转:0...100%
2344	RODOS RS485 control:不可能执行此命令
2345	自动减压搜索失败,请检查减压连接
2346	只允许 4 mm 注射器移动
2347	好像存在 SUCELL,但无法连接(电缆问题?)
2348	传感器找不到 SUCELL,但设备可以和 SUCELL 通信(传感器问题?)
2350	QUIXEL RS485 control:未知命令
2351	QUIXEL RS485 control:泵超载,请检查是否堵塞
2352	QUIXEL RS485 control:非法参数值
2353	QUIXEL RS485 control:供水箱里无水
2354	QUIXEL RS485 control:废水箱已满
2355	QUIXEL RS485 control:辅助供水箱里无水
2356	QUIXEL RS485 control:错误状态 7
2357	QUIXEL RS485 control:超声波测量区无液体样品
2360	样品容器过早被移除
2361	无试管
2362	试管未锁定
2363	试管尺寸错误,请插入指定尺寸的试管,或重新设定试管的尺寸
2364	循环泵未工作
2365	无法设置 RODOS/M 主压力
2366	无法在希望的位置固定吸嘴器
2367	你希望使用 RODOS/M,但是你的系统是 OASIS/DRY,请检查分散系统参数设置
2368	你希望使用 OASIS/DRY,但是你的系统是 RODOS/M,请检查分散系统参数设置
2369	RODOS RS485 控制:注射器宽度错误,请安装需要的注射器
2370	SUCELL 盖子已打开,请关闭盖子,取消正在进行的测量
2371	LIXELL 外壳打开
2381	MYTOS RS485 控制:未知命令
2382	MYTOS RS485 控制:错误代码 2
2383	MYTOS RS485 控制:非法参数值
2384	MYTOS RS485 控制:错误代码 4
2385	MYTOS RS485 控制:错误代码 5

续附表 1

编号	提示信息
2386	MYTOS RS485 控制:错误代码 6
2387	MYTOS RS485 控制:错误代码 7
2388	MYTOS RS485 控制:错误代码 8
2396	这个 TWISTER 没有清洁功能,请关闭分散方法的清洁功能
2421	ASPIROS RS485 控制:未知命令
2425	ASPIROS RS485 控制:样品盖子无法打开
2426	ASPIROS RS485 控制:无法读取条形码
2427	ASPIROS RS485 控制:无样品容器
2428	ASPIROS RS485 控制:外壳已打开
2429	ASPIROS RS485 控制:样品容器仍关闭
2430	设备没有条形码阅读器
2431	ASPIROS 仓空
2432	ASPIROS 样品托盘已满,请移走样品托盘
2450	MAGIC 控制:写控制器的只读存储器内存错误
2451	MAGIC 控制:读取控制器的只读存储器内存错误
2452	MAGIC 控制:清除探测传动控制的位置缓冲区失败
2453	MAGIC 控制:初始化镜头转换器失败,请检查镜头转换器是否正确安装
2454	MAGIC 控制:安装镜头失败
2455	MAGIC 控制:初始化 LM628 运动控制器失败
2456	MAGIC 控制:移动探测器橇到指定位置失败
2457	MAGIC 控制:移动探测器橇到参考位置(靠近 HELLOS 外壳右端)失败
2458	MAGIC 控制:找不到探测器传动的索引位置
2459	MAGIC 控制:无法在速度模式下停止探测器橇
2460	MAGIC 控制:无法在速度模式下向右移动探测器橇
2461	MAGIC 控制:无法把探测器橇移到零点位置
2462	MAGIC 控制:逐步移动探测器橇出错
2463	MAGIC 控制:定义探测器传动的前进方向错误
2464	MAGIC 控制:从运动控制 LM628 读取指定位置错误
2465	MAGIC 控制:从运动控制 LM628 读取索引位置错误
2466	MAGIC 控制:读取运动控制 LM628 的静止位置错误
2467	MAGIC 控制:从运动控制 LM628 读取真实位置错误

续附表 1

编号	提示信息
2470	SPRAYER RS485 控制:位置命令
2475	SPRAYER RS485 控制:写只读存储器:错误的确认
2480	COM 端口:硬件发现终止状态
2481	COM 端口:硬件发现帧错误
2482	COM 端口:与设备通信期间发生 I/O 错误
2483	COM 端口:不支持设定的状态,或文件参数无效
2484	COM 端口:发生字符缓冲区超界错误
2485	COM 端口:发生输入缓冲区溢出错误,可能是因为输入缓冲区已满,或文件结束符(EOF)后又收到字符
2486	COM 端口:硬件发现其偶校验错误
2487	COM 端口:输出缓冲区已满,无法传送字符
2500	...粗砂可能超出测量范围
2506	不支持清洗衰减器
2514	不能创建目录:...
2515	不能创建文件:...
2516	频道数丢失或错误(允许值 0..31)
2517	FDA 模式下不允许该操作
2518	尚未支持该项功能
2519	文件...无法保存
2520	无法读取文件...
2521	无法写文件...
2522	意外错误!
2523	无法加载文件...
2524	模块...不是最新版,程序退出
2525	无文件名
2526	文件不存在...
2527	目录不存在...
2528	目录无效...
2529	文件不是有效的 Li. S. A 数据文件【...】...
2530	Li. S. A 数据文件【...】...中存在无效的功能
2531	无效的 WINDOX 数据库文件名“...”。允许的文件名包括: - WXMAIN. FDB 测量数据库, - WXRPT. FDB 展示数据库, - WXAPP. FDB 应用数据库

续附表 1

编号	提示信息
2532	无效的 WINDOX 数据库备份文件名“...”。允许的文件名包括：- WXMAIN. FBK 测量数据库备份，- WXRPT. FBK 展示数据库备份，- WXAPP. FBK 应用数据库备份
2533	参数“...”不存在
2543	Mie 运算范围为：- meas. range < R5 - 0.1 < n(real) < 3.0, 0.0 < n(imag.) < 5.0, n 不等于 1.0 + 0.0i
2545	分散系统未执行
2546	背景测量的有效期已过
2549	给定的 REMO 参数无效
2550	无法加载 REMO 参数
2551	找不到测量记录
2552	已达测量记录开始位置
2553	已达测量记录结束位置
2556	USB - Fol 读/写错误
2557	不能加载 USB - Fol 传动(设备未连接?)
2559	USB - Fol 超时(未收到数据)
2560	内部错误:...
2561	HELOS 内部运算错误:...
2562	信号质量差导致运算失败
2563	OPUS 内部运算错误:...
2564	内部运算错误:....
2565	发生 OS 错误。错误号#...,提示信息...
2566	焦距无效
2570	SUCELL RS485 控制:未知命令
2573	SUCELL RS485 控制:进水箱已空
2574	SUCELL RS485 控制:废水箱已满
2575	SUCELL RS485 控制:附加进水箱已空
2576	SUCELL RS485 控制:Degas 功能不可用
2577	SUCELL RS485 控制:声波降解法需要有水
2578	SUCELL RS484 控制:“加入”命令无法执行:试管丢失
2580	SUCELL/L:访问接地开关超时
2581	SUCELL 未激活
2582	无法将状态从“湿”切换到“干”,因为系统模式已经从“湿”切换到“干”

续附表 1

编号	提示信息
2590	RODOS/L 外罩已打开,终止设置分散系统
2600	初始化传感器控制类型发生严重错误,操作终止!
2601	无法写 ini 文件,设置值无法保存
2602	为定义触发条件的基准时间
2603	固件...不支持稀释功能
2604	统一压力下存在多个数值!
2605	流速不是按递升次序
2606	写话路失败,话路无法保存
2607	HELOS 未初始化!
2608	未发现 WxDataVis 安全匙
2609	触发条件数据破坏(缓冲区超界)! 尝试加大基准时间,停止其他操作,或者换一台更快的计算机!
2610	测量数据破坏(缓冲区超界)! 尝试加大基准时间,停止其他操作,或者换一台更快的计算机!
2611	完全一样的镜头配置!
2612	转换表中记录数小于 2,或无效记录
2613	类型错误,或者未安装传动装置
2614	请改变橇的延长部分,以到达设定位置
2615	无法设定 INHALER 压力,请检查参数!
2616	分散方法的角度(...)与 SPRAYER 角度(...)不匹配
2617	不支持你的操作系统!
2618	你的操作系统不支持 USB!
2619	连接中断!
2620	初始化服务器套接字失败
2621	创建服务器套接字失败
2622	无可用的远程连接
2623	写套接字错误
2624	读套接字错误
2625	字符串中没有数据
2626	从套接字读数据行超时
2627	未发现 PCI FOL 卡
2628	回应字节数为 0,光纤镜片存在问题?

续附表 1

编号	提示信息
2629	发生严重错误,应用将被中止
2630	WINDOX 进程间通信不能工作
2631	OPUS 未初始化!
2632	你指定了一个小量适配器(SVA),但未安装该 SVA
2633	你不使用小量适配器(SVA),但你的设备中安装有 SVA
2634	设置的最小粒径大于最大粒径
2635	最小粒径 > = 最大粒径
2636	最小延时 > = 最大延时
2637	试管导块的位置错误
2638	分散系统焦距无效,应该在测量前调整分散系统焦距,或者在分散方法中选择自动调焦
3000	QICPIC 未安装!
3001	请求的图像类型不可用
3002	请求的图像类型位置
3003	用户模式...:未发现颗粒,检查测量结果的过滤条件和记录的图像数据
3004	未发现颗粒(内部计算)
3005	初始化设备参数失败,操作将不保存在只读存储器!
3006	镜头索引的只读存储器地址无效,写入只读存储器失败
3007	找不到 QICPIC 测量范围 <... >
3008	只读存储器的镜头索引错误(>5):...
3009	LivePlayer 没有初始化!
3010	光学器件结构不能被光学器件数量除,取消写入只读存储器
3011	QICPIC 镜头转换器没有初始化,无法检测镜头位置
3012	QICPIC 外罩已打开,无法打开光源
3013	分散系统外罩打开,或者没有安装分散系统,无法打开光源
3014	该类型记录限制用于测量结果且在 FDA 模式下无法修改,请将该记录保存为一个新的名字
3015	无效的属性,请检查过滤条件设置
3016	无法得到新图像(等待下一张图像)
3017	选定的压缩方式不支持想要的色深,请选择其他压缩方式
3018	对不起,由于图像数据丢失或测量结果丢失,无法进行评估。可能是由于你丢弃了图像数据,随后改变了产品
3019	用户结果过滤器为空,请定义一个过滤器,或者不要选择这个产品的用户结果

续附表 1

编号	提示信息
3020	等待线程状态超时,没有连接 HOL 电缆或者 QICPIC 已关闭?
3021	无法获得新图像(等待第一张图像)
3022	找不到用于计算的颗粒,无法计算结果
3023	镜头的工作距离(…毫米)不适于分散系统的工作距离(…毫米)
3100	NANOPHOX 没有初始化!
3101	设定的计数率超出限制,无法达到,最大/最小/设定:...
3102	在尝试了若干次后,达不到设定的计数率
3103	不可能改变激光强度
3104	不可能改变试管位置
3105	设定的激光强度不能达到
3106	设定的试管位置无法达到
3107	不能启动综合测量条件下测量,请选择适当的测量条件
3108	测量的模式不唯一:...
3109	测量的标称温度不唯一:...
3110	测量的产品不唯一:...
3111	测量的样液不唯一:...
3112	测量的设备系列号不唯一:...
3113	测量的设备或只读存储器参数不唯一:...
3114	黏度表为空,请插入至少一个点
3115	测量的标称计数率不唯一:...
3116	在线计算错误:...
3117	试管位置... 超界(0... 100%)
3118	第…频道目前的计数率太高,中止获取数据,速率:... Kcps
3119	HOL Fifo 超界,状态:...
3120	INOVA 奇偶校验错误,状态:...
3121	INOVA 同步丢失,状态:...
3122	INOVA 锁丢失,状态:...
3123	无法获得新图像(在等待 HOL fifo 时)
3124	第…行的黏度小于或等于 0
3125	第…行的温度小于或等于 0
3126	找不到 Sympatec HOL 卡! 可能是因为 HOL 卡未插入或驱动程序未安装

续附表 1

编号	提示信息
3127	没有加载测量
4525	读取 64 kB 后 FIFO 仍不为空!
4570	INHALER RS485 控制:未知的命令
6000	记录已存在:....
6001	找不到第二个 DB 匙(…)
6002	找不到主 DB 匙(…)
6003	记录不能重写
6004	第二个 DB 匙违规(…)
6005	丢失报表数据库目录
6006	丢失主数据库目录
6007	丢失背景测试数据库目录
6008	丢失 PARADOX NET 目录
6009	PARADOX NET 目录配置错误,目录:...
6010	请选择一个不同的私人目录。它不能与任何数据库目录一致
6011	Source DB 目录为空(什么也没法做)
6012	无效的 Source DB 目录
6013	无法创建 Target DB 目录
6014	数据库初始化失败
6015	不能开始 32 位数据库转换
6016	开始 32 位数据库转换超时
6017	找不到 32 位数据库转换窗口
6018	32 位数据库转换失败
6019	改变数据库目录时发生错误,必须重启 WINDOX!
6020	数据库…失败,请进行完整性检查,然后重试
6021	无法改变测量范围
6022	DispMeth 与分散器不匹配
6023	....:没有有效的背景测试
6024	用于测量的数据不足:未指定范围、产品、触发条件或者分散方法,或背景测量太老
6025	写 BLOB 错误/...
6026	不能删除数据库记录:(...)
6027	不能创建新的数据库记录:(...)

续附表 1

编号	提示信息
6028	不能读取数据库记录(...)
6029	不能重写当前数据库记录(...)
6030	不能向匙字符转列中添加记录
6031	不能删除匙字符串列中记录
6032	丢失 WXE 目录....
6033	数据库密匙太长:...
6034	HELOS/OPUS 设备数错误
6035	未指定分散液
6036	CORBA 错误:...
6037	CORBA 用户错误:...
6038	不能获得测量成果锁
6039	你只能管理当地 WINDOX 数据库服务器
6040	客户端程序在接收 WINDOX 数据库服务器发送的测试时间过程中失败,这是一个事件服务故障,可能是由于客户端防火墙配置错误
6041	不能保存产品:改变 ISO 一致性会导致一些无可挽回的测量误差
6500	无效的过滤条件定义
6501	无效的过滤条件关系
6502	无效的过滤条件连接
6503	过滤条件错误,在“开始标示”之前出现“结束标示”
6504	过滤条件错误,找不到“开始标示”
6505	用户“...”没有在当前 WINDOX 数据库服务器注册
6506	你无权使用测量数据库“...”
6507	测量数据库“...”不可用
6508	你无权使用展示数据库“...”
6509	展示数据库“...”不可用
6510	你无权使用应用数据库“...”
6511	应用数据库“...”不可用
6512	不能连接数据库服务器“...”
6513	丢失测量数据库。请在服务器上注册至少一个数据库!
6514	丢失展示数据库。请在服务器上注册至少一个数据库!
6515	丢失应用数据库。请在服务器上注册至少一个数据库!
6516	没有数据库,WINDOX 不能工作。请为每个类型注册至少一个数据库,并重试

续附表 1

编号	提示信息
6517	密码无效
6518	下述用户命令不对:...
6519	没有成果,不能检查数据库,请首先计算出这次测量的结果...
6520	测量与数据库浏览过滤条件不匹配,不能加载
6521	数据库记录 <... >正在由存储的测量使用,不能修改
6522	传感器的过滤条件无效
6524	本机上没有 WINDOX 数据库服务,你可以选择其他的计算机做数据库服务器,或者在这台计算机上安装 WINDOX 数据库服务
6525	无法启动 WINDOX 数据库服务,请关闭所有 WINDOX 程序,启动 WINDOX 数据库管理程序
6526	不能利用 REMO 检查测量...
6527	类型限制中的数据个数无效
7000	CRYPTO - BOX Versa 不是一个 SYMPATEC - CRYPTO - BOX
7001	CRYPTO - BOX Versa 错误,号码....
7002	Sentinel SuperPro 不是一个 SYMPATEC 软件保护密匙
7003	Sentinel SuperPro 错误,号码...
7004	找不到软件保护密匙,如果密匙已安装,请检查
7005	没有使用权限,不可用
7006	软件保护密匙的口令无效
7007	你不能改变管理员许可的许可码
7008	管理员口令错误,程序将终止
7010	指定的注册参数不可用
7011	注册参数类型错误
7012	不能向注册表写数据:...
7013	不能向目录写数据:...
7014	无法使用数据库的文件"..."
7015	模板键错误
7016	模板"..."一直存在
7017	文件…存在错误的模板键
7018	当前没有选择缺省打印机
7019	没有指定报表模板
7020	模板错误

续附表1

编号	提示信息
7021	没有指定 Q(t)图表模板
7022	无效的模板命令:...
7023	模板命令的结果无效:...
7024	与网络有关的功能出现错误#...
7025	KSIGMA 项目“...”存在...个错误
7026	项目文件数量达到最大值
7027	粒径分布“...”存在...个错误
7028	原始数据“...”的测量信号存在...个错误
7029	原料数据存在...个错误
7030	不允许写文件“...”
7031	衰减函数的版本太老,无法计算粒径分布
7032	参数的数值无效
7033	发放 WINDOX 演示版【…】的许可证出现错误
7034	不能将 TWxTimeIdent 转换为 T_t(单位错误)
7035	条形码【…】字符数无效
7036	条形码【…】存在无效字符“...”
7037	条形码【…】必须是数字类型
7038	条形码【…】开始符“...”无效
7039	条形码【…】停止符“...”无效
7040	许可文件出现…号错误
7041	无效的许可文件
7042	没有可供输出的测量结果:...
7043	输出的形状因子“...”不可用
7044	输入数据的粒径间隔太宽
7045	无法删除软件保护匙
7046	软件保护匙被封锁
7047	无效的软件保护匙...
7048	错误的标识符“...”
7050	...没有有效的模板命令
7051	...命令不在列表中
7052	参数间关系错误

续附表 1

编号	提示信息
7100	只读存储器已满,无法保存测量范围信息
7101	口令无效。测量范围未释放
7150	第...行:上限和下限数据一样
7151	第...行:限制值小于第...行(非升序排列)
7152	第...行:下限值大于上限值
7153	第...行:数据丢失或为0
7154	第...行:重复的粒径值
7155	第...行:设定的限制值超出范围(0...100%)
7156	记录"..."不存在,无法删除
7157	记录的名字为空
7158	记录"..."正在使用,不能删除
7200	OPUS 初始化失败!
7201	未达到触发条件,例如存在气泡
7202	浓度太低
7203	浓度太高
7204	间歇时间太短:第一个循环没有完成
7205	衰减器无法适当设置
7206	程序等待硬件就绪时发生错误
7207	执行接收器测试命令时出现错误
7208	执行发射器测试命令时出现错误
7209	测试前置放大器温度时出现错误
7210	测试 OPUS 温度时出现错误
7211	无法确定接收器版本号
7212	无法确定发射器版本号
7213	读取接收器的只读存储器时出现错误
7214	读取发射器的只读存储器时出现错误
7215	向接收器的只读存储器写数据时出现错误
7216	向发射器的只读存储器写数据时出现错误
7217	读取接收器的 RAM 时出现错误
7218	读取发射器的 RAM 时出现错误
7219	向接收器的 RAM 写数据时出现错误

续附表 1

编号	提示信息
7220	向发射器的 RAM 写数据时出现错误
7221	检索 X - 马达信息错误
7222	检索 Y - 马达信息错误
7223	检索 Z - 马达信息错误
7224	测试过程中出现错误
7225	设置 PLL 错误
7226	设置继电器开关错误
7227	设置衰减器错误
7228	设置测量频率错误
7229	接收器的测量结果字节数错误
7230	发射器的测量结果字节数错误
7231	没有接收器:无法进行测量
7232	一般 FOL - 通信错误
7233	设置 X - 或 Y - 马达错误
7234	设置 Z - 马达错误
7235	马达电流太大
7236	微调未成功
7237	预调未成功
7238	OPUS 尚未准备好背景测试
7239	OPUS 尚未准备好样品测试
7240	未指定 OPUS 触发条件
7241	未指定 OPUS 测量范围
7242	未指定 OPUS 溶剂
7243	调整的衰减值太大,检查 OPUS 系统
7244	注册表中的硬件类型未知:...
7245	…字节只读…
7246	…字节只写…
7247	由于 OS 错误,写命令失败
7248	通信错误类型:...
7249	TCP/IP 连接尚未打开进行读/写
7250	TCP/IP 连接尚未就绪

续附表 1

编号	提示信息
7251	TCP/IP:出现. . . 号错误
7252	DNS 查找失败。找不到主机 <. . . >
7253	TCP/IP 连接超时
7254	数学计算错误:. . .
7255	马达电流超出额定范围:. . . - 马达
7256	计算粒径分布时,使用强制稳定功能失败,请检查强制稳定设置
7257	无法应用气泡校正
7300	数据库已注册:. . .
7301	目录中已存在 WINDOX 数据库,请选择其他(空)目录
7302	别名 <. . . >已存在,请为你的数据库另外选择一个
7303	WINDOX 5 数据库目录不存在
7304	指定的目录中没有数据库
7305	目录中已存在 WINDOX 测量数据库,请另外选一个(空)目录
7306	目录中已存在 WINDOX 展示数据库,请另外选一个(空)目录
7307	目录中已存在 WINDOX 应用数据库,请另外选一个(空)目录
7308	名字 <. . . >已在数据库中,请重新命名
7309	名字 <. . . >已在目标数据库中
7310	无法终止服务“. . . ”